Projeto Ápis

CADERNO DE ATIVIDADES

MATEMÁTICA

1º ano
Ensino Fundamental

CB025915

NOME: ______________________ TURMA: __________

ESCOLA: ______________________

editora ática

SUMÁRIO

Ricardo J. Souza/Arquivo da editora

UNIDADE 1

VOCABULÁRIO FUNDAMENTAL

1 O PROFESSOR VAI LENDO E VOCÊ VAI FAZENDO O QUE É PEDIDO.

A) DESENHE UMA FLOR NA FRENTE DA ÁRVORE.

B) DESENHE UM PASSARINHO ACIMA DA ÁRVORE.

C) DESENHE UMA CRIANÇA ATRÁS DA ÁRVORE.

D) DESENHE UMA CAIXA ENTRE AS BOLAS.

E) PINTE DE AMARELO A BOLA MAIS LONGE DA ÁRVORE.

F) PINTE DE AZUL A BOLA MAIS PERTO DA ÁRVORE.

Ilustrações: Giz de Cera/Arquivo da editora

2 ENTRE OS CACHORROS ABAIXO, FAÇA UM **X** NO MAIS BAIXO E **CONTORNE** O MAIS ALTO.

AS IMAGENS NÃO ESTÃO REPRESENTADAS EM PROPORÇÃO.

Fotos: Eric Isselee/Shutterstock

3 CONTORNE DE VERMELHO O COPO EM QUE CABE MAIS ÁGUA. CONTORNE DE AMARELO O COPO EM QUE CABE MENOS ÁGUA.

Fotos: ninonino/Shutterstock

4 MARQUE UM **X** NO QUADRINHO DO OBJETO MAIS PESADO. MARQUE UMA • NO QUADRINHO DO OBJETO MAIS LEVE.

Fotonic/Shutterstock

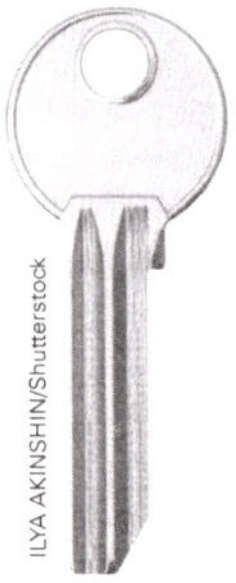
ILYA AKINSHIN/Shutterstock

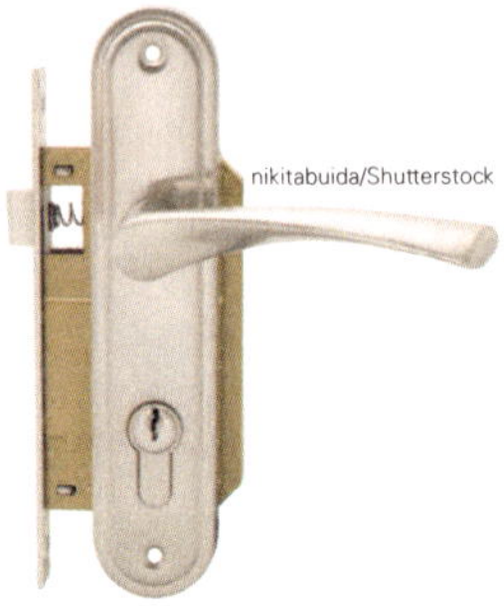
nikitabuida/Shutterstock

Zick Svift/Shutterstock

5 MARQUE UM **X** NOS QUADRINHOS DOS DESENHOS QUE INDICAM O MESMO SENTIDO. MARQUE UMA • NOS QUE INDICAM SENTIDOS CONTRÁRIOS.

Ilustra Cartoon/Arquivo da editora

Giz de Cera/Arquivo da editora

Giz de Cera/Arquivo da editora

Ilustra Cartoon/Arquivo da editora

Giz de Cera/Arquivo da editora

AS IMAGENS NÃO ESTÃO REPRESENTADAS EM PROPORÇÃO.

6 LIGUE O MENINO QUE ESTÁ CHUTANDO A BOLA COM O PÉ DIREITO À MENINA QUE ESTÁ USANDO *SHORT*.
LIGUE O MENINO QUE ESTÁ CHUTANDO A BOLA COM O PÉ ESQUERDO À MENINA QUE ESTÁ COM O CABELO PRESO.

Ilustra Cartoon/Arquivo da editora

7 **ATIVIDADE ORAL** DESCREVA A POSIÇÃO DA MENINA DE CAMISETA COR-DE-ROSA EM RELAÇÃO A UMA DAS OUTRAS CRIANÇAS.

8 IVAN ESTÁ PROCURANDO O ANIMAL DE ESTIMAÇÃO DELE. VAMOS AJUDÁ-LO A ENCONTRAR?

A) SIGA COM O DEDO OS DESLOCAMENTOS QUE O PROFESSOR VAI LER. DEPOIS, PINTE O CAMINHO COM LÁPIS DE COR E ASSINALE O ANIMAL COM UM **X**.

- ANDE 2 QUADRINHOS PARA CIMA.
- VIRE À ESQUERDA E ANDE 1 QUADRINHO.
- VIRE À DIREITA E ANDE 1 QUADRINHO.
- VIRE À DIREITA E ANDE 3 QUADRINHOS.

AS IMAGENS NÃO ESTÃO REPRESENTADAS EM PROPORÇÃO.

Ilustra Cartoon/Arquivo da editora

B) **ATIVIDADE ORAL EM DUPLA** ESCOLHA OUTRO ANIMAL DE ESTIMAÇÃO REPRESENTADO ACIMA E DESCREVA PARA UM COLEGA COMO SE DESLOCAR ATÉ ELE. DEPOIS, OUÇA ATENTAMENTE A ESCOLHA E A EXPLICAÇÃO DO COLEGA.

9 SÍMBOLOS DE ESPORTES

ANALISE AS CENAS. QUAIS ESPORTES ESTÃO SENDO PRATICADOS NELAS? LIGUE CADA CENA AO SÍMBOLO CORRESPONDENTE.

Christian Petersen/Getty Images

Michael Dalder/Reuters/Fotoarena

Ilustrações: Ilustra Cartoon/Arquivo da editora

10 SEQUÊNCIAS

ATIVIDADE ORAL DESCUBRA E DESCREVA O PADRÃO DE CADA SEQUÊNCIA. EM SEGUIDA, CONTINUE PINTANDO.

A) 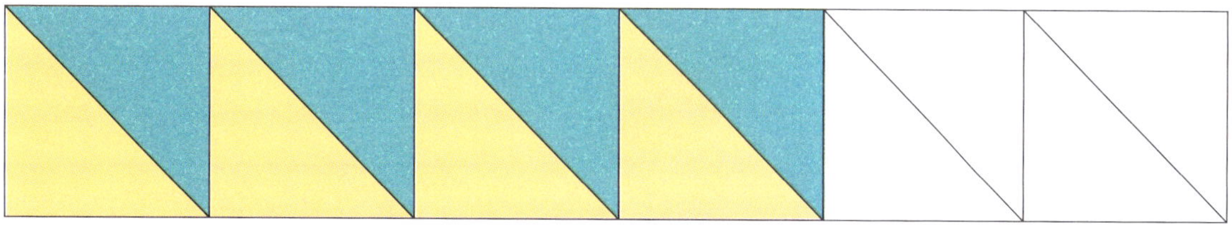

B) 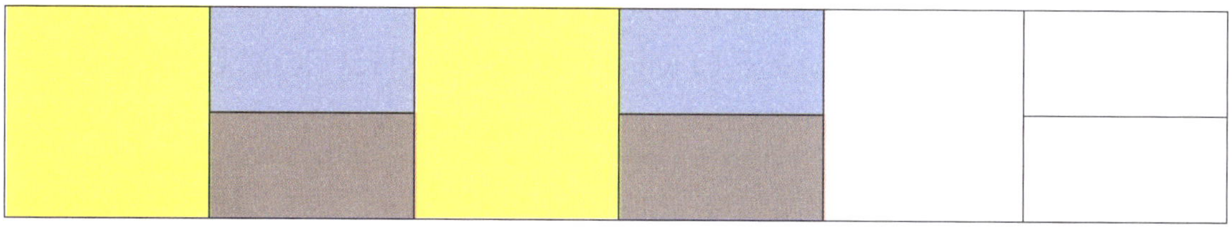

C) 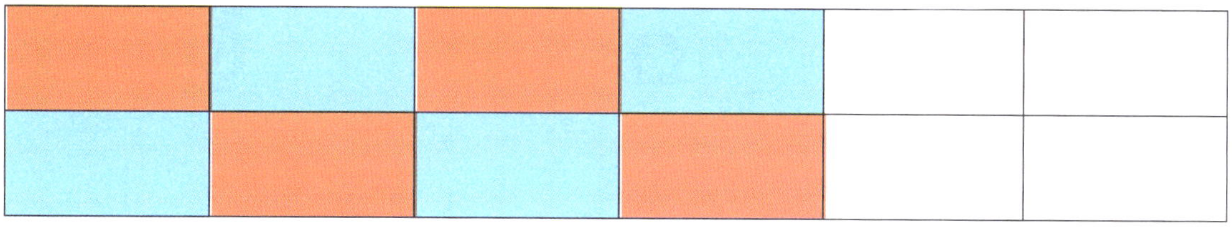

Ilustrações: Banco de imagens/Arquivo da editora

11 ANDRÉ E MARISA ESTAVAM BRINCANDO COM AS FICHAS COLORIDAS DE UM JOGO.

CADA UM PEGOU AS FICHAS ABAIXO E FORMOU GRUPOS COM ELAS.

Ilustrações: Banco de imagens/ Arquivo da editora

A) ANDRÉ SEPAROU AS FICHAS DE ACORDO COM AS CORES E FORMOU 2 GRUPOS. DESENHE E PINTE AS FICHAS.

B) MARISA TAMBÉM SEPAROU AS FICHAS, MAS DE ACORDO COM AS FORMAS, E OBTEVE 2 GRUPOS. DESENHE E PINTE AS FICHAS NESSE CASO.

12 VEJA ALGUNS CARRINHOS DA COLEÇÃO DE PEDRO. ASSINALE O MAIOR CARRINHO COM UM **X** E O MENOR CARRINHO COM UMA •.

Thammanoon Khamchalee/ Shutterstock

Andrew Buckin/Shutterstock

Trin K/Shutterstock

UNIDADE 2

NÚMEROS ATÉ 10

1. CRIE UMA MANEIRA DE REPRESENTAR A QUANTIDADE DE OBJETOS EM CADA ITEM E FAÇA OS REGISTROS.

AS IMAGENS NÃO ESTÃO REPRESENTADAS EM PROPORÇÃO.

A) 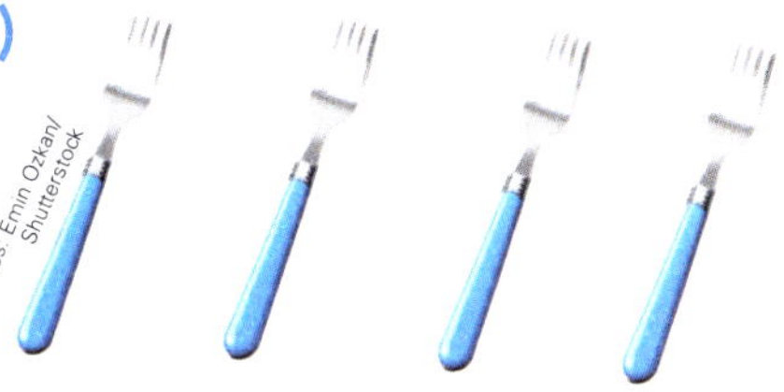

Fotos: Emin Ozkan/Shutterstock

B) 

Fotos: silviofranca/Shutterstock

C) 

Fotos: Suradech Prapairat/Shutterstock

D) 

Fotos: KPG Payless2/Shutterstock

2. BETO TEM BARRINHAS DIVIDIDAS EM 3 QUADRINHOS, COMO ESTA AO LADO. USANDO A COR AZUL, BETO PINTOU 1 DOS 3 QUADRINHOS DAS 3 MANEIRAS POSSÍVEIS.

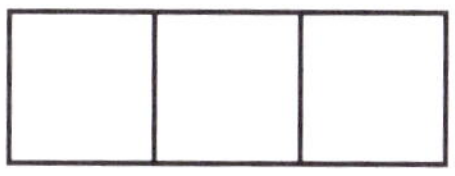

Ilustrações: Banco de imagens/Arquivo da editora

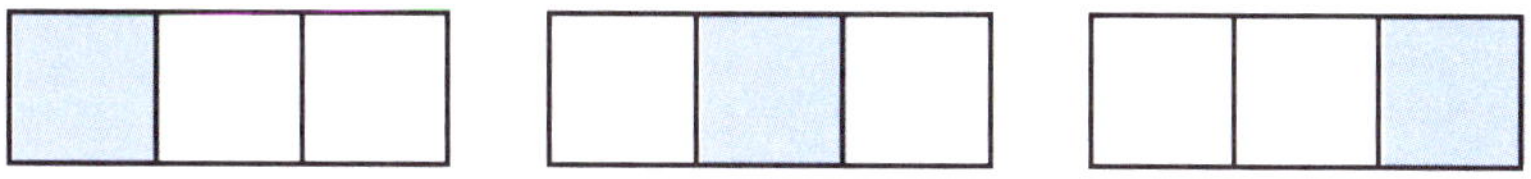

AGORA, COM LÁPIS VERDE, PINTE DE TODAS AS MANEIRAS POSSÍVEIS 2 DOS 3 QUADRINHOS DAS BARRINHAS.

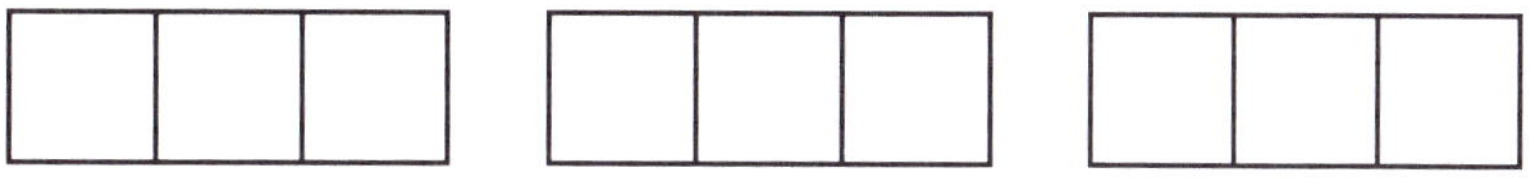

3 O PROFESSOR FEZ UMA PESQUISA SOBRE OS MEIOS DE TRANSPORTE UTILIZADOS PELOS ALUNOS PARA IR ATÉ A ESCOLA. AS IMAGENS ABAIXO REPRESENTAM AS RESPOSTAS OBTIDAS.

AS IMAGENS NÃO ESTÃO REPRESENTADAS EM PROPORÇÃO.

Fotos: remik44992/Shutterstock

Fotos: risteski goce/Shutterstock

Fotos: Dudarev Mikhail/Shutterstock

A) PINTE NO GRÁFICO ABAIXO 1 QUADRINHO PARA CADA MEIO DE TRANSPORTE REPRESENTADO.

Ilustrações: Banco de imagens/Arquivo da editora

B) QUAL É O MEIO DE TRANSPORTE MAIS UTILIZADO PELOS ALUNOS PARA IR ATÉ A ESCOLA?

____

C) QUAL É O MEIO DE TRANSPORTE MENOS UTILIZADO?

____

D) QUANTOS ALUNOS UTILIZAM O CARRO COMO MEIO DE TRANSPORTE?

__________ ALUNOS.

4 REGISTRE 1 TRACINHO PARA CADA FRUTA. DEPOIS, ESCREVA O NÚMERO CORRESPONDENTE À QUANTIDADE. VEJA O EXEMPLO DO ITEM **A**.

AS IMAGENS NÃO ESTÃO REPRESENTADAS EM PROPORÇÃO.

A)

Fotos: Maks Narodenko/Shutterstock

| | | | | | | | — 8

B)
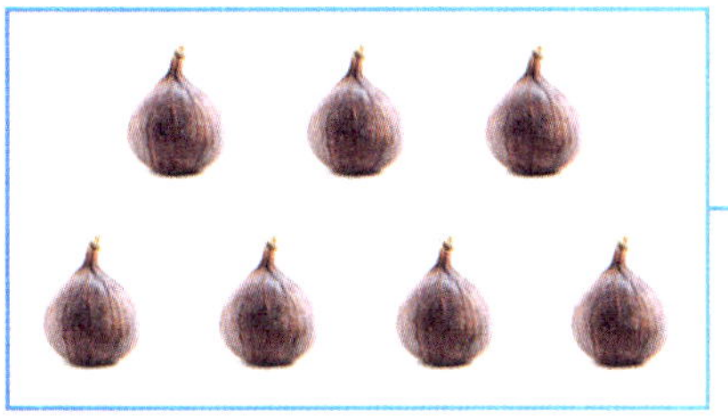
Fotos: Natalia K/Shutterstock

C)
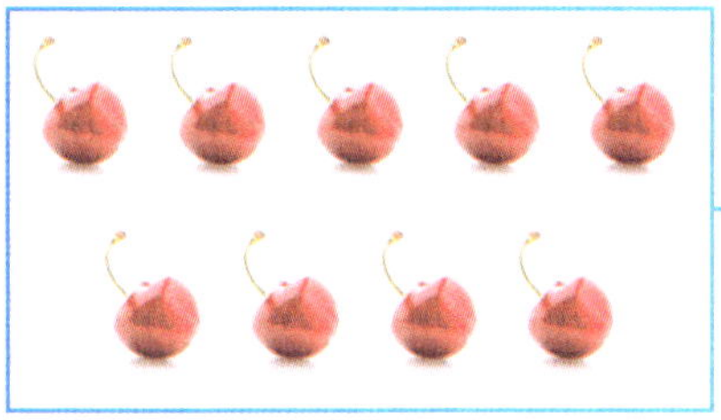
Fotos: Everything/Shutterstock

D)

Fotos: Svetlana Serebryakova/Shutterstock

E)

Fotos: RHJPhtotoandillustration/Shutterstock

F)

Fotos: 06photo/Shutterstock

5 COMPLETAR E INVENTAR

A) OBSERVE OS QUADROS ABAIXO E COMPLETE AS AFIRMAÇÕES COM NÚMEROS.

AS IMAGENS NÃO ESTÃO REPRESENTADAS EM PROPORÇÃO.

Ilustra Cartoon/Arquivo da editora

- NO QUADRO DA ESQUERDA HÁ ________ FLORES NO VASO.
- NO QUADRO DO MEIO HÁ ________ FLORES SOLTAS.
- NO QUADRO DA DIREITA HÁ ________ FLORES NO VASO.

B) **ATIVIDADE ORAL** AGORA, INVENTE UMA HISTÓRIA.
USE AS EXPRESSÕES: **FLORES NO VASO** E **FLORES SOLTAS**.

6 ESTIMATIVA

A) OBSERVE AS FOTOS DAS FRUTAS E, SEM CONTAR, ASSINALE O QUADRINHO COM SUA ESTIMATIVA.

Fotos: ecco/Shutterstock

- [ ] HÁ MAIS MAÇÃS DO QUE PERAS.
- [ ] HÁ MAIS PERAS DO QUE MAÇÃS.
- [ ] HÁ O MESMO NÚMERO DE PERAS E DE MAÇÃS.

Fotos: ecco/Shutterstock

B) AGORA, CONTE E REGISTRE. HÁ ________ MAÇÃS E ________ PERAS.

C) VOCÊ ACERTOU SUA ESTIMATIVA? ______________________________

7 VAMOS DESENHAR?

DESENHE E PINTE COM AS CORES QUE QUISER.
MAS ATENÇÃO: AS QUANTIDADES E OS OBJETOS DEVEM SER OS QUE ESTÃO INDICADOS.

10 BOLAS.

9 MAÇÃS.

7 LÁPIS.

8 BONÉS.

8 QUE HORAS SÃO?

REGISTRE O HORÁRIO MARCADO EM CADA RELÓGIO.

Matt Benoit/Shutterstock

Fotos: Dimedrol68/Shutterstock

_______________ _______________ _______________

UNIDADE 3

A ORDEM DOS NÚMEROS

1 OBSERVE OS 2 AQUÁRIOS COM PEIXES.

A) REGISTRE A QUANTIDADE DE PEIXES EM CADA AQUÁRIO.

Ilustrações: Ilustra Cartoon/Arquivo da editora

☐ ________ PEIXES. ☐ ________ PEIXES.

B) AGORA, MARQUE UM **X** NO AQUÁRIO QUE TEM MAIS PEIXES E MARQUE UMA • NO AQUÁRIO QUE TEM MENOS PEIXES.

C) FINALMENTE, COMPLETE USANDO OS 2 NÚMEROS REGISTRADOS.

________ É MAIOR DO QUE ________.

________ É MENOR DO QUE ________.

2 REGISTRE OS NÚMEROS E COMPARE-OS, ESCREVENDO SE O PRIMEIRO É **MAIOR** OU **MENOR** DO QUE O SEGUNDO.

Ilustrações: Ilustra Cartoon/Arquivo da editora

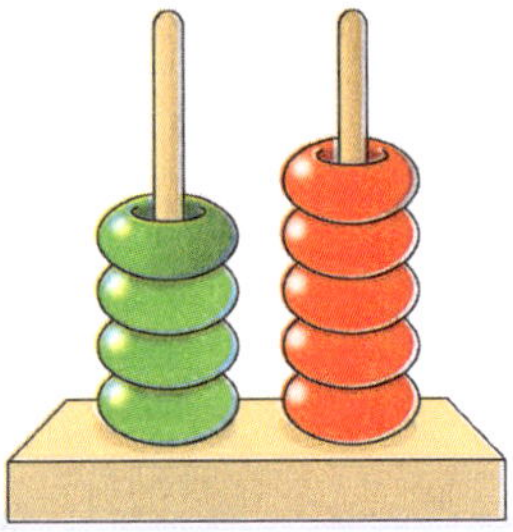

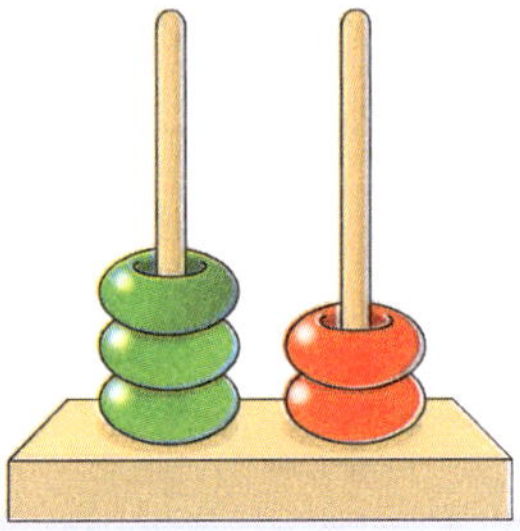

________ É ________ DO QUE ________. ________ É ________ DO QUE ________.

3 A FIGURA ABAIXO É CONHECIDA POR RETA NUMERADA.

A) COMPLETE COM OS NÚMEROS QUE FALTAM ATÉ CHEGAR AO 10.

Ilustrações: Banco de imagens/ Arquivo da editora

B) AGORA, "ANDE" NA RETA NUMERADA, DESCUBRA A CHEGADA E REGISTRE.

- SAIO DO 3 E "ANDO" 2 PARA A FRENTE.

  CHEGO AO ☐.

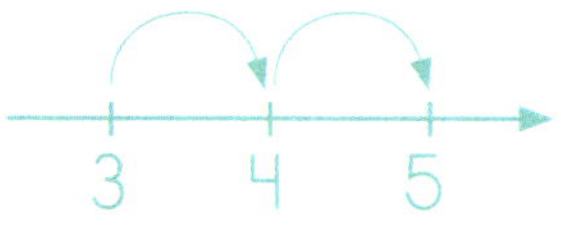

- SAIO DO 8 E "ANDO" 2 PARA TRÁS.

  CHEGO AO ☐.

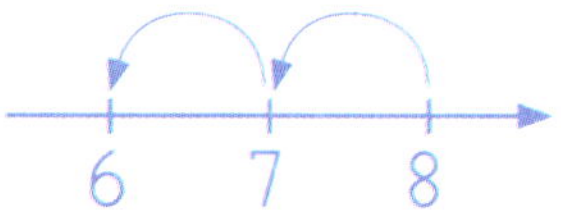

Ilustrações: Banco de imagens/ Arquivo da editora

- SAIO DO 9 E "ANDO" 7 PARA TRÁS.

  CHEGO AO ☐.

- SAIO DO 7 E "ANDO" 3 PARA A FRENTE.

  CHEGO AO ☐.

- SAIO DO 4 E "ANDO" 5 PARA A FRENTE E DEPOIS 1 PARA TRÁS.

  CHEGO AO ☐.

4 COMPLETE COM OS NÚMEROS QUE FALTAM, DE ACORDO COM AS POSIÇÕES NA RETA NUMERADA.

6	7	8		

1		3

	5	6	

		5	6

3		5		

	9	10

5 ESTIMATIVA E COMPARAÇÃO

A) SEM CONTAR O NÚMERO DE BOLINHAS DE GUDE, OBSERVE AS FIGURAS ABAIXO, FAÇA UMA ESTIMATIVA E RESPONDA: VOCÊ ACHA QUE HÁ MAIS BOLINHAS DE GUDE AZUIS OU VERDES?

____

Hélio Senatore/Arquivo da editora

B) LIGUE CADA BOLINHA DE GUDE AZUL COM 1 BOLINHA DE GUDE VERDE DIFERENTE.
SOBROU ALGUMA BOLINHA DE GUDE? SE SOBROU, ENTÃO QUANTAS BOLINHAS FORAM E DE QUAL COR?

____

C) AGORA, CONTE E COMPLETE.
SÃO ________ BOLINHAS AZUIS E ________ BOLINHAS VERDES.
HÁ MENOS BOLINHAS ________________ DO QUE BOLINHAS ________________, POIS ________ É MENOR DO QUE ________.

6 OBSERVE OS NÚMEROS DE 0 A 10 NESTA RETA NUMERADA.

Banco de imagens/Arquivo da editora

CONSIDERE ESSES NÚMEROS E COMPLETE.

A) 7 É ________________ DO QUE 5.

B) OS NÚMEROS MENORES DO QUE 4 SÃO: ________, ________, ________ E ________.

C) OS NÚMEROS MAIORES DO QUE 7 SÃO: ________, ________ E ________.

D) O NÚMERO QUE É MAIOR DO QUE 5 E MENOR DO QUE 7 É O ________.

E) OS NÚMEROS QUE SÃO MAIORES DO QUE 6 E MENORES DO QUE 9 SÃO: ________ E ________.

7 OBSERVE AS PEÇAS DO JOGO DE DOMINÓ.

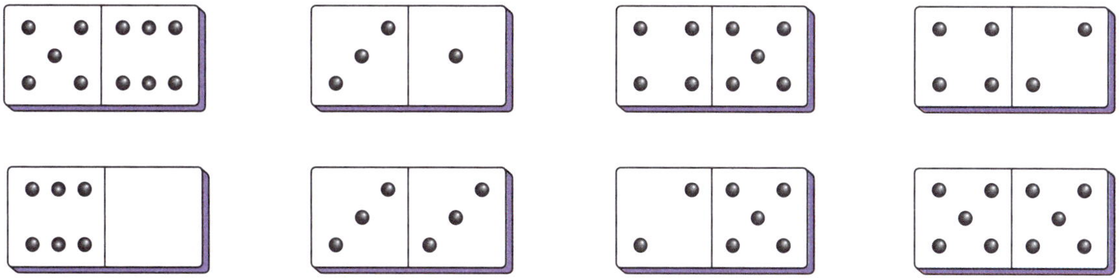

Ilustrações: Banco de imagens/Arquivo da editora

A) PINTE DE ● AS PEÇAS QUE TÊM O NÚMERO DA ESQUERDA MAIOR QUE O DA DIREITA, COMO ESTA: 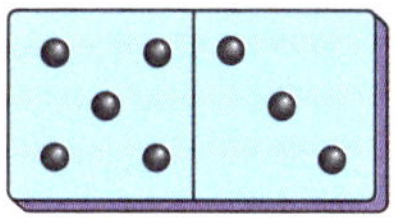.

B) PINTE DE ● AS PEÇAS QUE TÊM O NÚMERO DA ESQUERDA MENOR QUE O DA DIREITA, COMO ESTA: 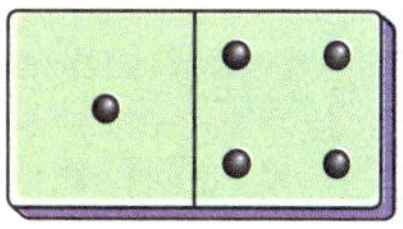.

C) PINTE DE ● AS PEÇAS QUE TÊM O NÚMERO DA ESQUERDA IGUAL AO DA DIREITA, COMO ESTA: 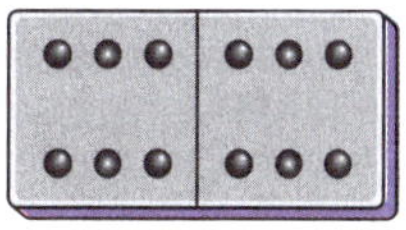.

8 EM CADA QUADRO, PINTE DE ● O QUADRINHO COM O MAIOR NÚMERO. DEPOIS, PINTE DE ● O QUADRINHO COM O MENOR NÚMERO DE CADA QUADRO.

8 4 9 6 7

9 10 5 3 2 8

5 6 0 3 7 1

4 6 8 5 3

Ilustrações: Banco de imagens/Arquivo da editora

9 OBSERVE OS NÚMEROS NOS QUADRINHOS.

6	3	8	4

A) COLOQUE ESSES MESMOS NÚMEROS NOS QUADRINHOS ABAIXO, DE MODO QUE FIQUEM NA ORDEM DO MENOR PARA O MAIOR, DA ESQUERDA PARA A DIREITA.

B) AGORA, DESENHE BOLINHAS NOS QUADROS ACIMA DE ACORDO COM A QUANTIDADE QUE CADA NÚMERO INDICA.

10 VEJA A QUANTIDADE DE COPOS NECESSÁRIA PARA ENCHER 1 GARRAFA DE ÁGUA.

AS IMAGENS NÃO ESTÃO REPRESENTADAS EM PROPORÇÃO.

Production Perig/Shutterstock

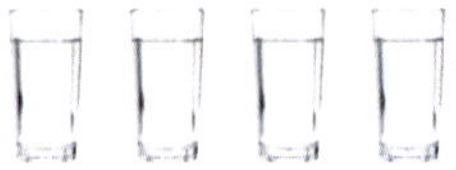

Fotos: Andrey_Kuzmin/ Shutterstock

A) DESENHE A QUANTIDADE DE COPOS NECESSÁRIA PARA ENCHER 2 GARRAFAS DE ÁGUA.

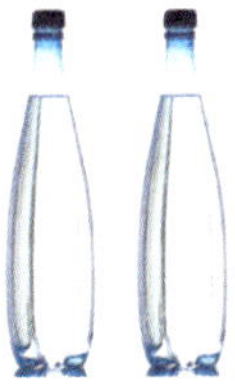

Fotos: Production Perig/ Shutterstock

B) AGORA, COMPLETE AS FRASES A SEGUIR.

- PARA ENCHER 1 GARRAFA FORAM NECESSÁRIOS ________ COPOS DE ÁGUA.
- PARA ENCHER 2 GARRAFAS FORAM NECESSÁRIOS ________ COPOS DE ÁGUA.
- A QUANTIDADE DE COPOS DE ÁGUA NECESSÁRIA PARA ENCHER 1 GARRAFA É ________________ DO QUE A QUANTIDADE NECESSÁRIA PARA ENCHER 2 GARRAFAS DE ÁGUA.

AS IMAGENS NÃO ESTÃO REPRESENTADAS EM PROPORÇÃO.

11 OBSERVE AS QUANTIAS REPRESENTADAS NOS QUADROS.

Reprodução/Casa da Moeda do Brasil/Ministério da Fazenda

________ REAIS. ________ REAIS. ________ REAIS. ________ REAIS.

A) ESCREVA A QUANTIA CORRESPONDENTE A CADA QUADRO.

B) AGORA, ESCREVA AS QUANTIAS NA ORDEM DA MENOR PARA A MAIOR.

________ REAIS, ________ REAIS, ________ REAIS, ________ REAIS.

12 SEQUÊNCIAS DE BOLINHAS COLORIDAS

A) MARQUE UM **X** NO QUADRINHO DA SEQUÊNCIA QUE TEM AS QUANTIDADES DE BOLINHAS NA ORDEM DA MAIOR PARA A MENOR. EM SEQUIDA MARQUE UMA • NO QUADRINHO DA SEQUÊNCIA QUE TEM AS QUANTIDADES DE BOLINHAS NA ORDEM DA MENOR PARA A MAIOR.

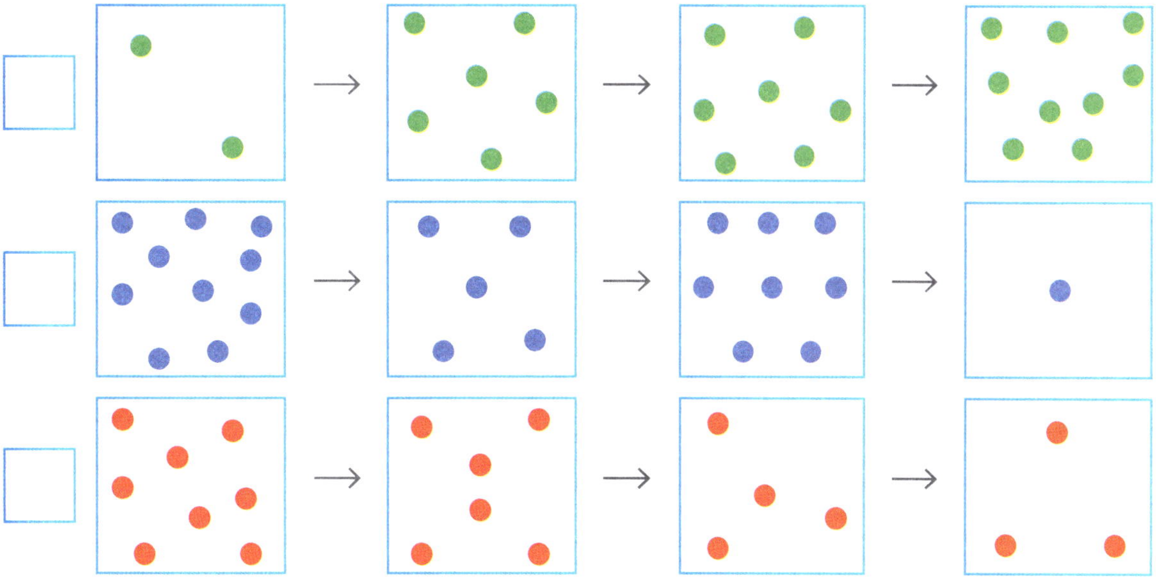

Ilustrações: Banco de imagens/Arquivo da editora

B) AGORA, ESCREVA AS SEQUÊNCIAS COM OS NÚMEROS CORRESPONDENTES.

X: ☐, ☐, ☐, ☐.   •: ☐, ☐, ☐, ☐.

13 TRÊS PATINHOS ESTÃO INDO, EM FILA, NADAR NA LAGOA.

VEJA AS CORES: ● ● ●

AS IMAGENS NÃO ESTÃO REPRESENTADAS EM PROPORÇÃO.

O PROFESSOR VAI LER AS DICAS E VOCÊ VAI PINTAR OS PATINHOS.

- O 2º PATINHO DA FILA É MARROM.
- O 1º PATINHO DA FILA NÃO É CINZA.

Ilustra Cartoon/Arquivo da editora

14 SÍLVIA, MARCOS, LUCINHA E RAFAEL PARTICIPARAM DO CAMPEONATO DE *VIDEOGAME*.

VEJA NESTE GRÁFICO A PONTUAÇÃO DE CADA UM DELES. CADA QUADRINHO VALE 1 PONTO.

Ilustrações: Giz de Cera/Arquivo da editora

GRÁFICO ELABORADO PARA FINS DIDÁTICOS.

QUEM FEZ MAIS PONTOS NO CAMPEONATO FOI O CAMPEÃO (1º LUGAR). ANALISE A PONTUAÇÃO DOS 4 JOGADORES E ESCREVA A POSIÇÃO DE CADA UM DELES (1º, 2º, 3º OU 4º LUGAR).

_______ LUGAR. _______ LUGAR. _______ LUGAR. _______ LUGAR.

UNIDADE 4

FIGURAS GEOMÉTRICAS

1 LIGUE O DESENHO DO **CUBO** AOS OBJETOS QUE TÊM A FORMA PARECIDA COM A DELE.

AS IMAGENS NÃO ESTÃO REPRESENTADAS EM PROPORÇÃO.

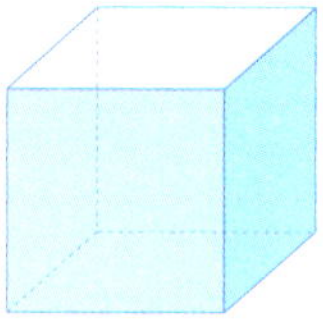
Banco de imagens/Arquivo da editora
CUBO.

Olga Miltsova/Shutterstock
GELO.

Marat I.Abdrakhmanov/Shutterstock
PEÇA DE DOMINÓ.

Slavomir Tomka/Shutterstock
DADO.

2 LIGUE O DESENHO DO **BLOCO RETANGULAR** AOS OBJETOS QUE TÊM A FORMA PARECIDA COM A DELE.

Banco de imagens/Arquivo da editora
BLOCO RETANGULAR.

Creative Lab/Shutterstock
GELADEIRA.

Alis Photo/Shutterstock
TIJOLO.

iChzigo/Shutterstock
BOLA DE FUTEBOL.

3 LIGUE O DESENHO DA **ESFERA** AOS OBJETOS QUE TÊM A FORMA PARECIDA COM A DELA.

Banco de imagens/Arquivo da editora
ESFERA.

konzeptm/Shutterstock
LATA.

Lightspring/Shutterstock
BOLA DE BASQUETE.

BonNontawat/Shutterstock
MARACUJÁ.

4 OBSERVE OS SÓLIDOS GEOMÉTRICOS.

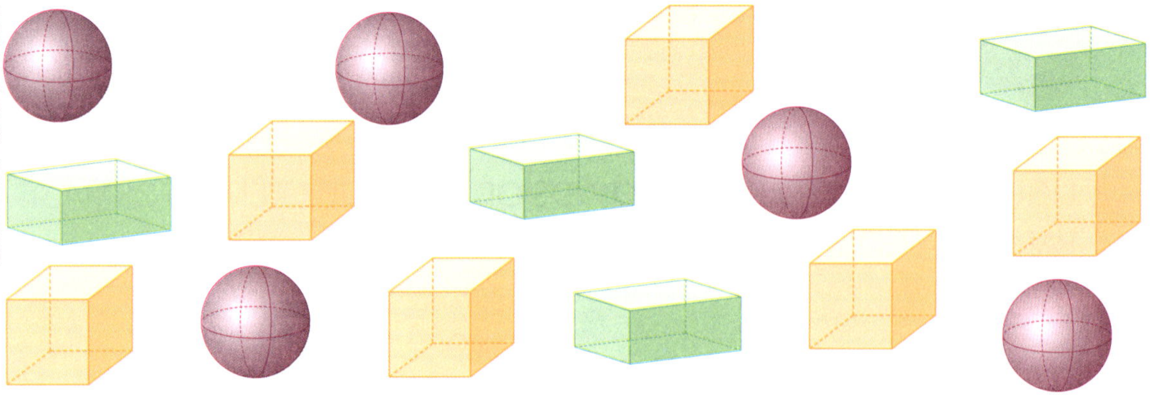

Ilustrações: Banco de imagens/Arquivo da editora

A) COMPLETE COM O NÚMERO QUE INDICA A QUANTIDADE DE CADA SÓLIDO GEOMÉTRICO.

_______ ESFERAS. _______ CUBOS. _______ BLOCOS RETANGULARES.

B) AGORA, COMPLETE AS FRASES A SEGUIR.

- A QUANTIDADE DE CUBOS É ____________________ DO QUE A QUANTIDADE DE BLOCOS RETANGULARES.
- A QUANTIDADE DE ESFERAS É MENOR DO QUE A QUANTIDADE DE ____________________.

5 MARQUE UM **X** NOS QUADRINHOS DOS OBJETOS QUE PODEM ROLAR. DEPOIS, MARQUE UMA • NOS QUADRINHOS DOS OBJETOS QUE NÃO ROLAM.

AS IMAGENS NÃO ESTÃO REPRESENTADAS EM PROPORÇÃO.

☐ 

Pavel G/Shutterstock

LATA COM MILHO.

☐ 

luckethelake/Shutterstock

ROLO DE PAPEL HIGIÊNICO.

☐ 

Yurii Vydyborets/Shutterstock

BOLA DE TÊNIS.

☐ 

piyaphun/Shutterstock

PORTA-LÁPIS.

☐ 

Neamov/Shutterstock

CAIXA DE SAPATOS.

☐ 

Kitch Bain/Shutterstock

LATA DE PRESENTE.

6 RUI GANHOU UMA LANTERNA DO PAI. LIGUE CADA OBJETO QUE RUI ILUMINOU À SUA SOMBRA PRODUZIDA NA PAREDE.

AS IMAGENS NÃO ESTÃO REPRESENTADAS EM PROPORÇÃO.

Ilustrações: Hélio Senatore/Arquivo da editora

Ilustrações: Banco de imagens/Arquivo da editora

OS OBJETOS QUE RUI ILUMINOU LEMBRAM SÓLIDOS GEOMÉTRICOS.

AS SOMBRAS PROJETADAS NA PAREDE DÃO IDEIA DE FIGURAS GEOMÉTRICAS PLANAS.

7 VEJA OS DESENHOS QUE BRUNO FEZ USANDO FIGURAS GEOMÉTRICAS PLANAS.

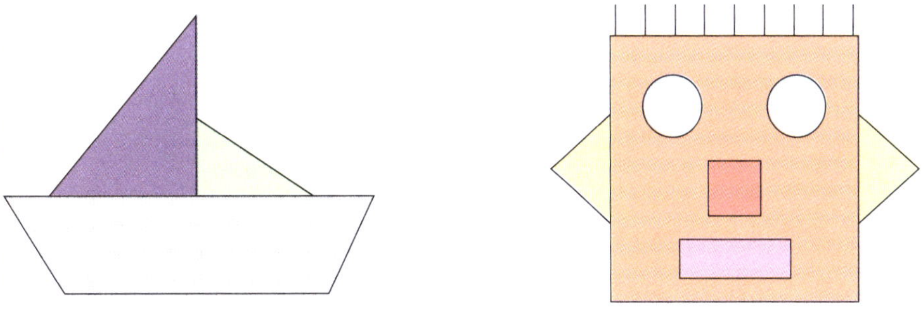

Ilustrações: Banco de imagens/Arquivo da editora

LOCALIZE CADA FIGURA GEOMÉTRICA PLANA ABAIXO NOS DESENHOS DE BRUNO E PINTE-A COM A COR CORRESPONDENTE.

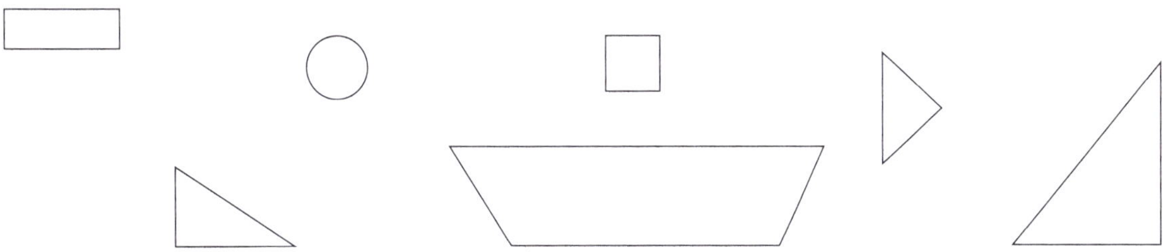

Ilustrações: Banco de imagens/Arquivo da editora

8 RENATO ESTÁ ESTUDANDO AS FIGURAS GEOMÉTRICAS PLANAS E GOSTA MUITO DE DESENHÁ-LAS. VEJA QUANTAS FIGURAS GEOMÉTRICAS PLANAS ELE DESENHOU.

Ilustrações: Banco de imagens/Arquivo da editora

A) QUANTAS FIGURAS GEOMÉTRICAS PLANAS QUE RENATO DESENHOU TÊM FORMA QUADRADA? QUAIS SÃO ELAS?

____

B) QUANTAS FIGURAS GEOMÉTRICAS PLANAS TÊM FORMA RETANGULAR? QUAIS SÃO ELAS? ______________________

C) QUANTAS FIGURAS TÊM FORMA TRIANGULAR? QUAIS SÃO ELAS?

____

D) QUANTAS FIGURAS TÊM FORMA CIRCULAR? QUAIS SÃO ELAS?

____

9 AGORA É VOCÊ QUEM VAI DESENHAR FIGURAS GEOMÉTRICAS PLANAS: 1 CIRCULAR, 2 QUADRADAS, 1 RETANGULAR E 2 TRIANGULARES.

10 CAMILA REPRESENTOU EM VERDE, NA FIGURA AO LADO, O CAMINHO QUE ELA FAZ ENTRE A CASA DELA E A ESCOLA.

A) OBSERVE E RESPONDA: POR QUANTOS QUADRINHOS ELA PASSOU? ________ QUADRINHOS.

B) FAÇA NA FIGURA AO LADO OUTRO CAMINHO UTILIZANDO A MESMA QUANTIDADE DE QUADRINHOS QUE CAMILA USOU.

Ilustrações: Banco de imagens/Arquivo da editora

11 **CERTEZA, IMPOSSÍVEL OU ÀS VEZES**

ATIVIDADE EM GRUPO IMAGINE QUE VOCÊ E OS COLEGAS VÃO GIRAR UM CLIPE NESTA ROLETA.

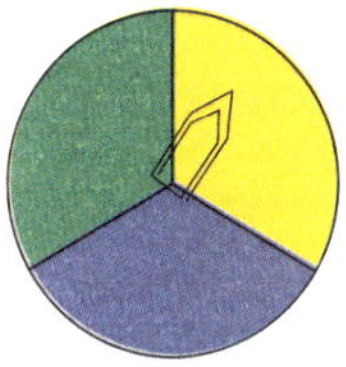

LIGUE OS QUADROS CORRESPONDENTES.

CAIR NO AMARELO.	ACONTECERÁ COM CERTEZA.
CAIR EM UMA COR QUE ESTÁ NA BANDEIRA DO BRASIL.	PODE ACONTECER OU NÃO.
CAIR NO VERMELHO.	É IMPOSSÍVEL ACONTECER.

12 OBSERVE NOVAMENTE A BANDEIRA DO BRASIL DA ATIVIDADE ANTERIOR.

A) QUAL É A FORMA DO CONTORNO DA PARTE VERDE DESSA BANDEIRA?

____

B) E QUAL É A FORMA DO CONTORNO DA PARTE AZUL DA BANDEIRA?

____

13 OBSERVE AS PEÇAS DO TANGRAM.

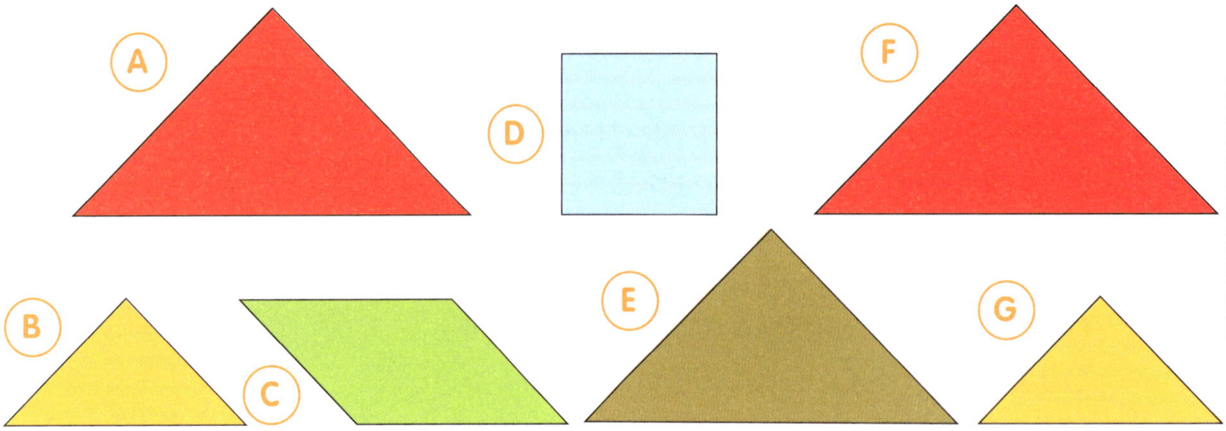

Ilustrações: Banco de imagens/Arquivo da editora

- RESPONDA.
  - A) QUAL É O NÚMERO TOTAL DE PEÇAS? __________ PEÇAS.
  - B) QUAIS DESSAS PEÇAS SÃO TRIANGULARES? __________
  - C) QUAL DESSAS PEÇAS É QUADRADA? __________
- COMPLETE.
  - A) AS PEÇAS QUE TÊM A MESMA FORMA E O MESMO TAMANHO SÃO:

    __________ E __________; __________ E __________.
  - B) A PEÇA QUE NÃO TEM FORMA TRIANGULAR NEM FORMA QUADRADA É A PEÇA __________.

14 OBSERVE A FORMA DAS PLACAS DE TRÂNSITO E PINTE OS CAMINHOS DE ACORDO COM O INDICADO.

- (azul) CAMINHO QUE LEVA À PLACA CIRCULAR.
- (verde) CAMINHO QUE LEVA À PLACA RETANGULAR.
- (laranja) CAMINHO QUE LEVA À PLACA TRIANGULAR.

Ilustrações: Banco de imagens/Arquivo da editora

Ministério dos Transportes/DNI

UNIDADE 5

NOSSO DINHEIRO

AS IMAGENS NÃO ESTÃO REPRESENTADAS EM PROPORÇÃO.

1 REGISTRE A QUANTIA REPRESENTADA EM CADA QUADRO.

Reprodução/Casa da Moeda do Brasil/ Ministério da Fazenda

______ REAIS.

______ REAIS.

______ REAIS.

______ REAL.

______ REAIS.

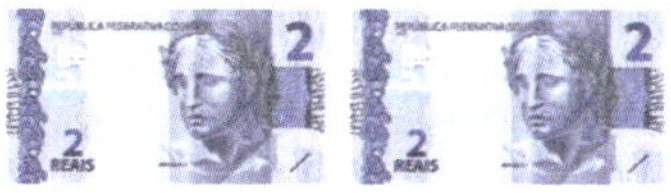

______ REAIS.

______ REAIS.

2 LIGUE OS QUADROS QUE TÊM QUANTIAS IGUAIS.

Reprodução/Casa da Moeda do Brasil/ Ministério da Fazenda

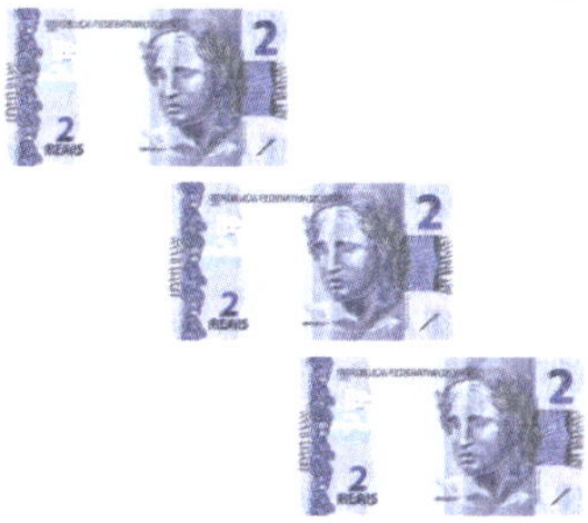

3 MARIA TEM ESTA NOTA: 

Reprodução/Casa da Moeda do Brasil/ Ministério da Fazenda

CONTORNE CADA PRODUTO QUE ELA PODE COMPRAR COM ESSA QUANTIA.

A) 

C) 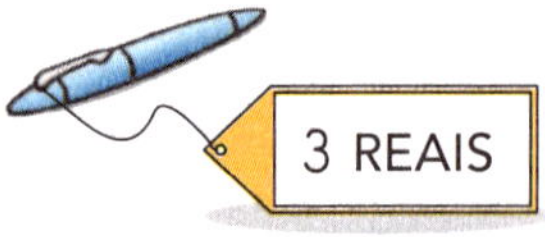

E) 

B) 

D) 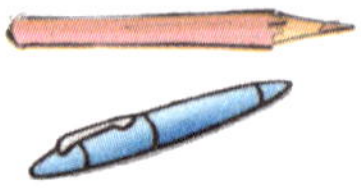

F) 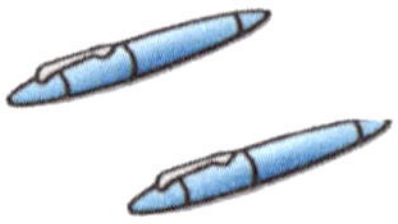

Ilustrações: Giz de Cera/Arquivo da editora

4 CONSIDERE OS PRODUTOS DA ATIVIDADE ANTERIOR.
SE CARLOS COMPRAR 1 CADERNO E PAGAR COM 1 NOTA DE , ENTÃO QUANTO ELE VAI RECEBER DE TROCO? ASSINALE A QUANTIA.

 ☐

 ☐

 ☐

Reprodução/Casa da Moeda do Brasil/ Ministério da Fazenda

AS IMAGENS NÃO ESTÃO REPRESENTADAS EM PROPORÇÃO.

5 COMPLETE.

A) JÚLIO TEM ESTAS NOTAS: . OU SEJA, ELE TEM ________ REAIS.

MARA TEM 1 REAL A MAIS DO QUE JÚLIO.

ENTÃO, MARA TEM ________ REAIS.

B) PEDRO TEM ESTA QUANTIA: . OU SEJA, ELE TEM ________ REAIS.

LÚCIA TEM 1 REAL A MENOS DO QUE PEDRO.

LOGO, LÚCIA TEM ________ REAIS.

C) FERNANDO TEM ESTA QUANTIA: . OU SEJA, ELE TEM ________ REAIS.

LAURA TEM 2 NOTAS E A MESMA QUANTIA DE FERNANDO.

PORTANTO, LAURA TEM ESTAS NOTAS: ☐ ☐.

Reprodução/Casa da Moeda do Brasil/Ministério da Fazenda

6 **ATIVIDADE EM DUPLA** USEM O DINHEIRO DO **ÁPIS DIVERTIDO** E SEPAREM ESTA MOEDA E ESTAS 4 NOTAS.

AS IMAGENS NÃO ESTÃO REPRESENTADAS EM PROPORÇÃO.

Reprodução/Casa da Moeda do Brasil/Ministério da Fazenda

AGORA, FORMEM COM ELAS 2 QUANTIAS IGUAIS, DE MANEIRAS DIFERENTES, E REGISTREM ABAIXO. (CADA ALUNO REGISTRA NO PRÓPRIO LIVRO.)

______ REAIS. ______ REAIS.

7 **POSSIBILIDADES**

ATIVIDADE EM DUPLA USEM AS NOTAS DE 5 REAIS, AS NOTAS DE 2 REAIS E AS MOEDAS DE 1 REAL DO **ÁPIS DIVERTIDO**.

MOSTREM TODAS AS MANEIRAS POSSÍVEIS DE OBTER COM ELAS A QUANTIA DE 5 REAIS. SÃO 4 POSSIBILIDADES.

DEPOIS, REGISTREM ABAIXO. (CADA ALUNO REGISTRA NO PRÓPRIO LIVRO.)

8 CONTORNE A QUANTIA NECESSÁRIA PARA COMPRAR ESTE CADERNO.

Vitaly Korovin/Shutterstock

AS IMAGENS NÃO ESTÃO REPRESENTADAS EM PROPORÇÃO.

Reprodução/Casa da Moeda do Brasil/ Ministério da Fazenda

9 NINA COMPROU O CADERNO DA ATIVIDADE ANTERIOR, PAGOU COM 1 NOTA E RECEBEU 3 REAIS DE TROCO.

ASSINALE A NOTA COM QUE ELA FEZ O PAGAMENTO.

☐

☐

☐

Reprodução/Casa da Moeda do Brasil/Ministério da Fazenda

10 VEJA O PREÇO POR UNIDADE DE ALGUNS PRODUTOS.

victoriaKh/Shutterstock

GARRAFA DE SUCO.
3 REAIS.

baibaz/Shutterstock

MAÇÃ.
2 REAIS.

Pixelbliss/Shutterstock

SANDUÍCHE.
4 REAIS.

AGORA, INDIQUE O PREÇO EM CADA CASO.

A) 2 SUCOS DE LARANJA. ________ REAIS.

B) 1 MAÇÃ E 1 LANCHE. ________ REAIS.

C) 1 SUCO DE LARANJA E 2 MAÇÃS. ________ REAIS.

D) 1 SUCO DE LARANJA, 1 MAÇÃ E 1 LANCHE. ________ REAIS.

UNIDADE 6

ADIÇÃO E SUBTRAÇÃO

1 INVENTAR E RESOLVER

A) **ATIVIDADE ORAL EM GRUPO** ANALISE A SEQUÊNCIA DE CENAS E INVENTE HISTÓRIAS COM OS COLEGAS.

Ilustrações: Ilustra Cartoon/Arquivo da editora

B) AGORA, RESPONDA: HÁ QUANTOS BALÕES COM O MENINO NA 1ª CENA? ______________

C) QUANTOS BALÕES A MENINA TROUXE NA 2ª CENA?

____

D) QUANTOS BALÕES FICARAM COM O MENINO NA 3ª CENA?

____

E) ESCREVA UMA OPERAÇÃO PARA REPRESENTAR ESSA SITUAÇÃO.

____

F) ASSINALE O NOME DA OPERAÇÃO QUE VOCÊ EFETUOU.

☐ ADIÇÃO. ☐ SUBTRAÇÃO.

2 VEJA O EXEMPLO E INDIQUE AS DEMAIS ADIÇÕES.

$5 + 4 = 9$

A) 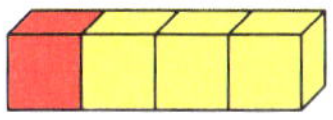

B) 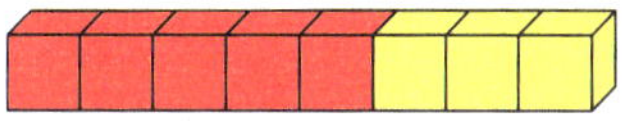

C) 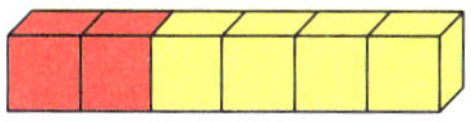

______________ ______________ ______________

Ilustrações: Banco de imagens/Arquivo da editora

3 REGISTRE AS ADIÇÕES EFETUADAS PELAS CRIANÇAS, CADA UMA FEITA DE UMA MANEIRA DIFERENTE.

A) RUI DESENHOU TRACINHOS.

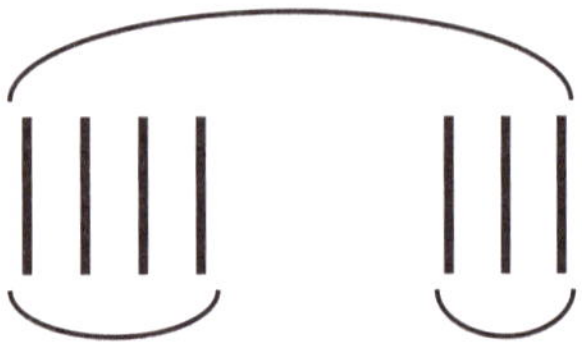
Banco de imagens/Arquivo da editora

ADIÇÃO: ______ + ______ = ______

B) ANA USOU OS DEDOS DAS MÃOS.

Ilustra Cartoon/Arquivo da editora

ADIÇÃO: ______________

C) BETO "ANDOU" NA RETA NUMERADA.

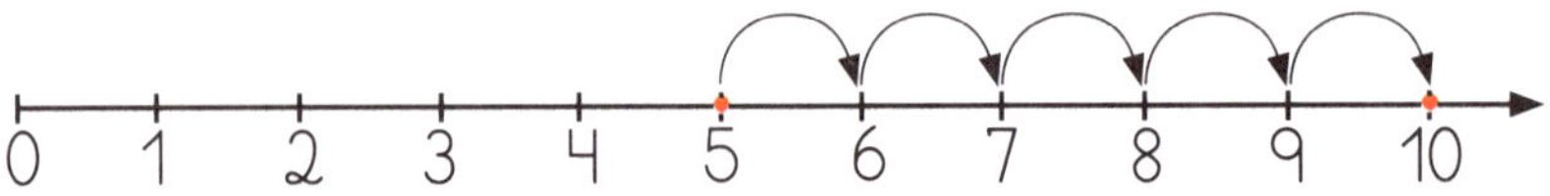

Banco de imagens/Arquivo da editora

ADIÇÃO: ______________

4 AGORA É A SUA VEZ! EFETUE AS ADIÇÕES DA MANEIRA QUE QUISER E REGISTRE OS RESULTADOS.

A) 4 + 2 = ______

B) 3 + 5 = ______

C) 6 + 4 = ______

D) 1 + 5 = ______

E) 7 + 3 = ______

F) 4 + 4 = ______

5 ESCREVA 4 ADIÇÕES DE RESULTADO 7.

______ + ______ = ______

______ + ______ = ______

______ + ______ = ______

______ + ______ = ______

6 **ATIVIDADE ORAL EM GRUPO** OBSERVE COM CUIDADO ESTAS ADIÇÕES. PENSE EM COMO EFETUÁ-LAS E CONVERSE COM OS COLEGAS. DEPOIS, REGISTRE OS RESULTADOS.

A) $5 + 1 + 3 =$ ______ **C)** $3 + 2 + 1 =$ ______

B) $2 + 2 + 2 + 2 =$ ______

AS IMAGENS NÃO ESTÃO REPRESENTADAS EM PROPORÇÃO.

7 OBSERVE O PREÇO DE 2 PRODUTOS. CALCULE O VALOR TOTAL DE CADA COMPRA E INDIQUE A ADIÇÃO CORRESPONDENTE.

Ilustrações: Hélio Senatore/Arquivo da editora.
Ilustrações: Ah! Ilustração/Arquivo da editora

A) 
______ REAIS. ______ + ______ = ______

B) 
______ REAIS. ______

C) 
______ REAIS. ______

8 AS CRIANÇAS ESTÃO BRINCANDO DE LANÇAR DADOS.

A) ESCREVA QUANTOS PONTOS CADA CRIANÇA FEZ.

Ilustrações: Ilustra Cartoon/Arquivo da editora

______ PONTOS.	______ PONTOS.	______ PONTOS.

B) PINTE O QUADRINHO COM MAIS PONTOS E ASSINALE COM UM **X** O QUADRINHO COM MENOS PONTOS.

9 INVENTAR E RESOLVER

A) **ATIVIDADE ORAL EM GRUPO** ANALISE A SEQUÊNCIA DE CENAS E INVENTE HISTÓRIAS COM OS COLEGAS.

Ilustrações: Ilustra Cartoon/Arquivo da editora

B) AGORA, RESPONDA: QUANTOS BALÕES O MENINO TEM NA 1ª CENA?

____

C) QUANTOS BALÕES VOAM NA 2ª CENA? _______________

D) COM QUANTOS BALÕES O MENINO FICA NA 3ª CENA?

____

E) REPRESENTE ESSA SITUAÇÃO COM UMA OPERAÇÃO.

____

F) ASSINALE O NOME DA OPERAÇÃO QUE VOCÊ EFETUOU.

☐ ADIÇÃO. ☐ SUBTRAÇÃO.

10 INDIQUE A SUBTRAÇÃO CORRESPONDENTE E RESPONDA.

SE JOSÉ COMPROU 1 SORVETE DE 8 REAIS E PAGOU COM 1 NOTA DE 10 REAIS, ENTÃO QUANTO ELE RECEBEU DE TROCO? _______________

Christopher Elwell/Shutterstock

SORVETE.

Reprodução/Casa da Moeda do Brasil/Ministério da Fazenda

AS IMAGENS NÃO ESTÃO REPRESENTADAS EM PROPORÇÃO.

_______ − _______ = _______

11 REGISTRE AS SUBTRAÇÕES EFETUADAS PELAS CRIANÇAS, CADA UMA FEITA DE UMA MANEIRA DIFERENTE.

A) RUI DESENHOU TRACINHOS E BOLINHAS.

Ilustrações: Banco de imagens/Arquivo da editora

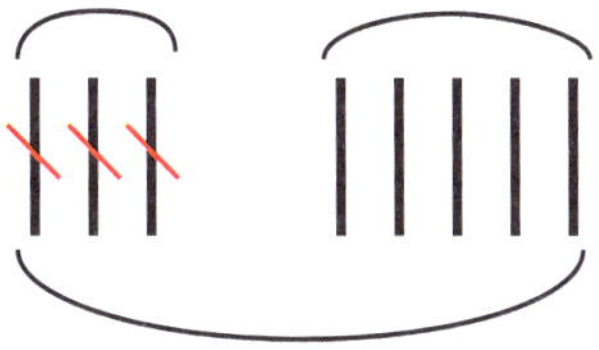

SUBTRAÇÃO: ________ – ________ = ________

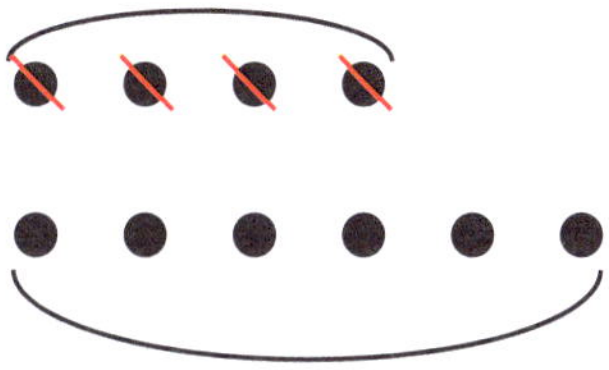

SUBTRAÇÃO: ________________

B) LUIZ USOU OS DEDOS DAS MÃOS.

Ilustrações: Ilustra Cartoon/Arquivo da editora

SUBTRAÇÃO: ________________

C) BETO "ANDOU" PARA TRÁS NA RETA NUMERADA.

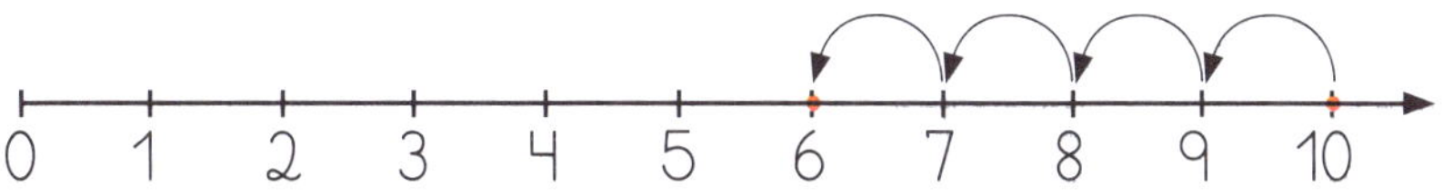

Banco de imagens/Arquivo da editora

SUBTRAÇÃO: ________________

12 AGORA É A SUA VEZ! EFETUE AS SUBTRAÇÕES DA MANEIRA QUE PREFERIR E REGISTRE OS RESULTADOS.

A) $9 - 8 =$ ________

B) $7 - 2 =$ ________

C) $8 - 4 =$ ________

D) $6 - 6 =$ ________

E) $10 - 1 =$ ________

F) $5 - 3 =$ ________

13 OBSERVE OS QUADROS JÁ PINTADOS E PINTE OS DEMAIS.
MAS ATENÇÃO: QUADROS COM OPERAÇÕES DE MESMO RESULTADO DEVEM TER A MESMA COR.

4 + 2 = ______	8 − 3 = ______	10 − 3 = ______
2 + 3 = ______	8 − 2 = ______	3 + 3 = ______
2 + 5 = ______	8 − 1 = ______	9 − 4 = ______

14 OBSERVE AS SITUAÇÕES E COMPLETE COM AS OPERAÇÕES CORRESPONDENTES.

AS IMAGENS NÃO ESTÃO REPRESENTADAS EM PROPORÇÃO.

A)

Ilustrações: Hélio Senatore/ Arquivo da editora

______ + ______ = ______

B)

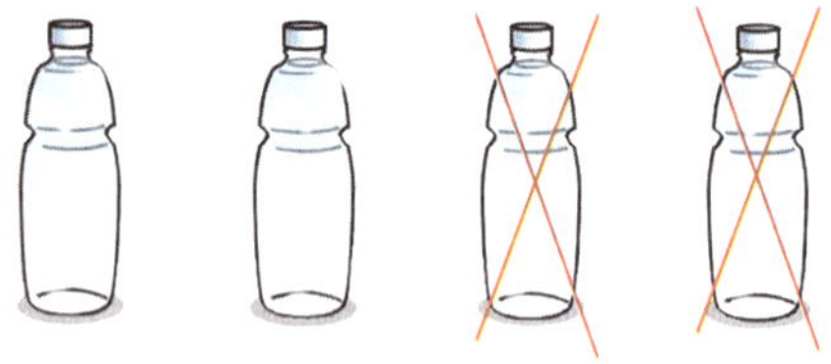

______ − ______ = ______

15 **FESTA DE ANIVERSÁRIO**

A MÃE DE MIGUEL SEPAROU ALGUNS COPOS PARA A MESA DE UM DOS CONVIDADOS. OBSERVE A SEQUÊNCIA ABAIXO E RESPONDA.

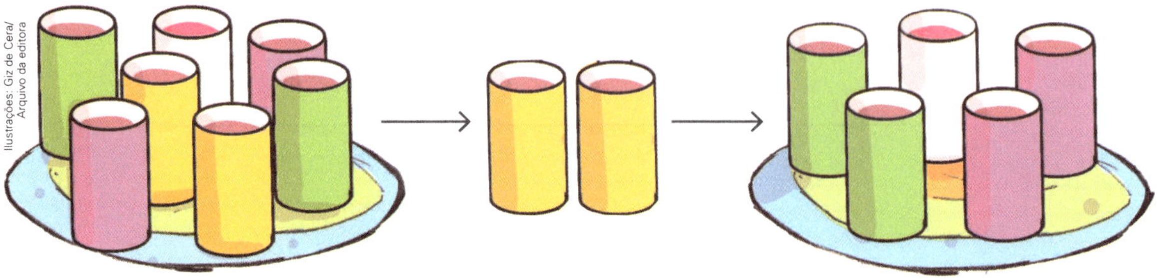

Ilustrações: Giz de Cera/ Arquivo da editora

A) QUANTOS COPOS A MÃE DE MIGUEL SEPAROU? ______ COPOS.

B) QUANTOS COPOS FICARAM NA BANDEJA? ______ COPOS.

C) COMPLETE: NA ______ BANDEJA HÁ ______ COPOS A ______ DO QUE NA ______ BANDEJA.

16 **FAÇA DO SEU JEITO!**

DESCUBRA E ESCREVA O NÚMERO QUE VAI NO ☐ DE CADA OPERAÇÃO. DEPOIS, VEJA COMO OS COLEGAS FIZERAM.

A) ☐ − 3 = 2

C) 10 − ☐ = 2

B) ☐ + 4 = 9

D) 6 + ☐ = 8

17 OBSERVE A PEÇA DO JOGO DE DOMINÓ E OS 3 NÚMEROS: O VALOR DA ESQUERDA (4), O VALOR DA DIREITA (3) E O TOTAL (7).

AS IMAGENS NÃO ESTÃO REPRESENTADAS EM PROPORÇÃO.

4 3

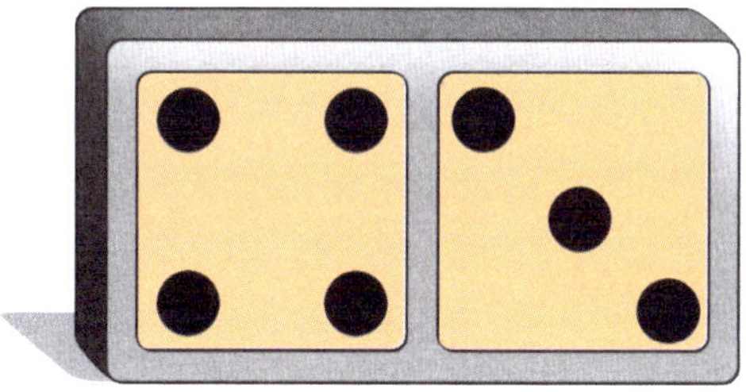

7

Ilustrações: Hélio Senatore/Arquivo da editora

AGORA, COMPLETE CADA PEÇA DESENHANDO OU COLOCANDO OS NÚMEROS QUE FALTAM.

A) ______ ______

______

C) ______ ______

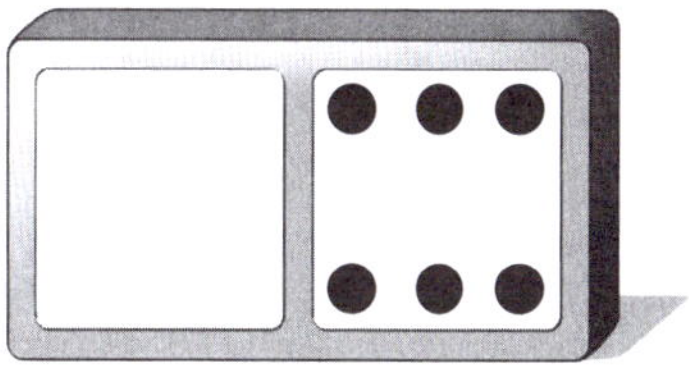

10

B) ______ 1

______

D) 6 ______

8

18 AS COMPRAS DAS CRIANÇAS

AS IMAGENS NÃO ESTÃO REPRESENTADAS EM PROPORÇÃO.

OBSERVE O PREÇO DOS PRODUTOS.

DADO.

FLAUTA.

AGORA, CALCULE E COMPLETE CADA ITEM.

A) PAULO COMPROU 1 DADO E 1 FLAUTA.

NO TOTAL ELE GASTOU ________ REAIS.

B) ANA COMPROU 1 FLAUTA E PAGOU COM 10 REAIS.

O TROCO FOI DE ________ REAIS.

C) MARCELO COMPROU 3 DADOS.

NO TOTAL ELE GASTOU ________ REAIS.

D) NARA COMPROU 2 FLAUTAS E PAGOU COM 10 REAIS.

O TROCO FOI DE ________ REAIS.

E) LUÍS TEM 5 REAIS PARA COMPRAR 1 DADO E 1 FLAUTA.

FALTAM ________ REAIS.

F) BETO COMPROU 2 FLAUTAS.
JÚLIA COMPROU 1 DADO.

BETO GASTOU ________ REAIS A MAIS DO QUE JÚLIA.

UNIDADE 7

NÚMEROS ATÉ 100

1 EM CADA ITEM, CONTORNE GRUPOS DE 1 DEZENA, OU SEJA, DE 10 UNIDADES. DEPOIS, COMPLETE.

A) ACEROLAS.

AS IMAGENS NÃO ESTÃO REPRESENTADAS EM PROPORÇÃO.

Fotos: somyot pattana/Shutterstock

_______ DEZENA

OU

_______ UNIDADES.

B) TOMATES.

Fotos: Abramova Elena/Shutterstock

_______ DEZENA E _______ UNIDADES

OU

_______ UNIDADES OU _______ DÚZIA.

C) LARANJAS.

Fotos: Maks Narodenko/Shutterstock

_______ DEZENA E

_______ UNIDADES

OU

_______ UNIDADES.

2 ESCREVA OS NÚMEROS DA ATIVIDADE ANTERIOR E A LEITURA DE CADA UM DELES.

A) _______ : _______________

B) _______ : _______________

C) _______ : _______________

3 COMPLETE A SEQUÊNCIA DOS NÚMEROS DE 0 A 19.

0	1	2	3						
10	11								

4 ESCREVA A QUANTIA TOTAL EM CADA ITEM.

AS IMAGENS NÃO ESTÃO REPRESENTADAS EM PROPORÇÃO.

A)

_______ REAIS

B)

_______ REAIS

C)

_______ REAIS

D)

_______ REAIS

E)

_______ REAIS

F)

_______ REAIS

5 USE AS QUANTIAS DOS ITENS DA ATIVIDADE ANTERIOR E COMPLETE AS FRASES.

- ☐ REAIS É MENOS DO QUE ☐ REAIS.
  (↑ ITEM **A**; ↑ ITEM **B**)
- ☐ REAIS É _______________ DO QUE ☐ REAIS.
  (↑ ITEM **F**; ↑ ITEM **C**)
- ☐ REAIS É _______________ DO QUE ☐ REAIS.
  (↑ ITEM **D**; ↑ ITEM **E**)

6 CONTE OS QUADRINHOS DA MANEIRA QUE QUISER E COMPLETE.

A) 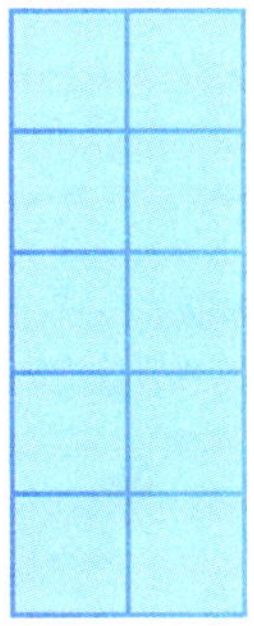

_________ DEZENA

OU

_________ UNIDADES.

B) 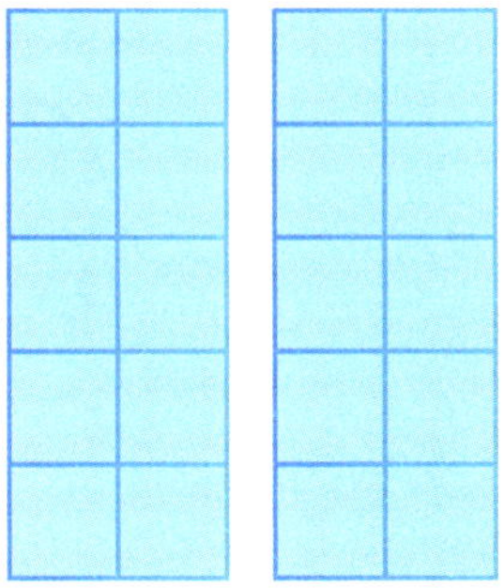

_________ DEZENAS

OU

_________ UNIDADES.

C) 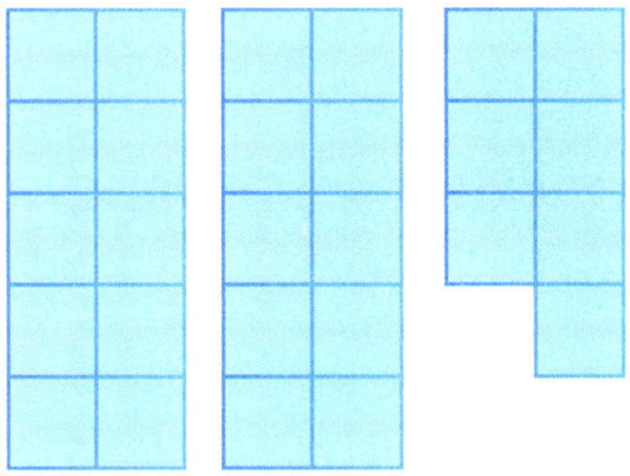

_________ DEZENAS E

_________ UNIDADES

OU

_________ UNIDADES.

7 COMPLETE ESTES TRECHOS DA SEQUÊNCIA DOS NÚMEROS DE 0 A 29.

A)

16	17	18			

B)

		25	26	27		

C)

			22	23	24

D)

		19	20		

8 VAMOS USAR OS DEDOS DAS MÃOS OU PENSAR NA RETA NUMERADA PARA DESCOBRIR OS RESULTADOS.

- VEJA OS EXEMPLOS E COMPLETE COM OS RESULTADOS.

19 + 4

Ilustra Cartoon/Arquivo da editora

LOGO, 19 + 4 = ________.

23 − 2

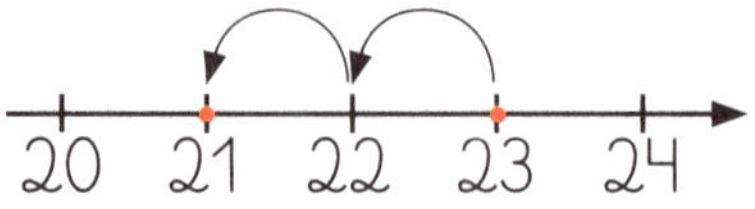

Banco de imagens/Arquivo da editora

Giz de Cera/Arquivo da editora

ENTÃO, 23 − 2 = ________.

- AGORA VOCÊ ESCOLHE COMO FAZER.

A) 12 − 3 = ________ **D)** 21 − 3 = ________ **G)** 20 − 4 = ________

B) 14 + 2 = ________ **E)** 16 + 5 = ________ **H)** 29 − 6 = ________

C) 19 + 4 = ________ **F)** 23 + 3 = ________ **I)** 17 + 5 = ________

9 REGISTRE O NÚMERO DE CUBINHOS DO MATERIAL DOURADO EM CADA ITEM.

Ilustrações: Banco de imagens/Arquivo da editora

A)

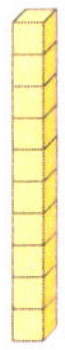

________ DEZENA
OU
________ UNIDADES.

B)

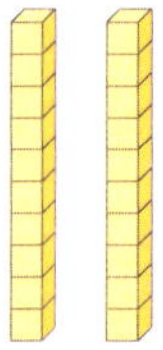

________ DEZENAS
OU
________ UNIDADES.

C)

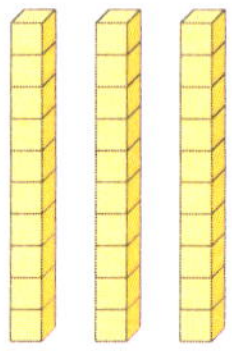

________ DEZENAS
OU
________ UNIDADES.

D)

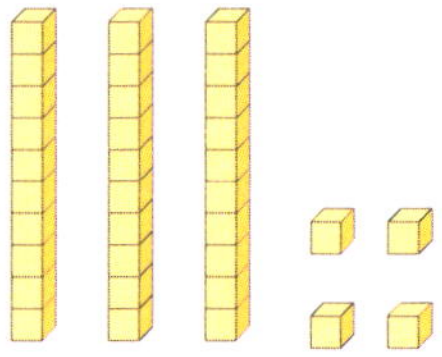

________ DEZENAS E
________ UNIDADES
OU
________ UNIDADES.

E)

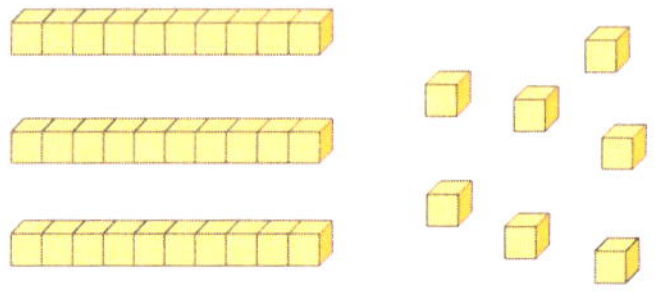

________ DEZENAS E
________ UNIDADES
OU
________ UNIDADES.

10 CONSULTE UM CALENDÁRIO E CONTINUE A ESCREVER O NÚMERO DE CADA MÊS E QUANTOS DIAS ELE TEM.

1	JANEIRO	31 DIAS		JULHO	_____ DIAS
2	FEVEREIRO	28 OU 29 DIAS		AGOSTO	_____ DIAS
3	MARÇO	31 DIAS		SETEMBRO	_____ DIAS
	ABRIL	_____ DIAS		OUTUBRO	_____ DIAS
	MAIO	_____ DIAS		NOVEMBRO	_____ DIAS
	JUNHO	_____ DIAS		DEZEMBRO	_____ DIAS

11 FAÇA DESENHOS E DEPOIS COMPLETE.

A) LÚCIA TINHA 5 OVOS E COMPROU MAIS 1 DÚZIA DE OVOS.

Giz de Cera/Arquivo da editora

AGORA LÚCIA TEM _______ OVOS.

B) MARCELO TINHA 23 LARANJAS E USOU 7 LARANJAS PARA FAZER UM SUCO.

Ilustra Cartoon/Arquivo da editora

AGORA MARCELO TEM _______ LARANJAS.

12 O PAI DE MALU É FEIRANTE. ELE SEPAROU AS LARANJAS QUE VAI VENDER EM 4 SAQUINHOS COM 10 LARANJAS EM CADA UM DELES.

Jótah Ilustrações/Arquivo da editora

SÃO 4 GRUPOS DE 10 LARANJAS. COMPLETE.

_______ + _______ + _______ + _______ OU _______
↑
QUARENTA.

O PAI DE MALU TEM _______ LARANJAS.

13 VEJA AS BOLINHAS DE GUDE QUE PEDRO COLECIONA. SÃO 4 GRUPOS DE 10 BOLINHAS MAIS 3 BOLINHAS DE GUDE. COMPLETE.

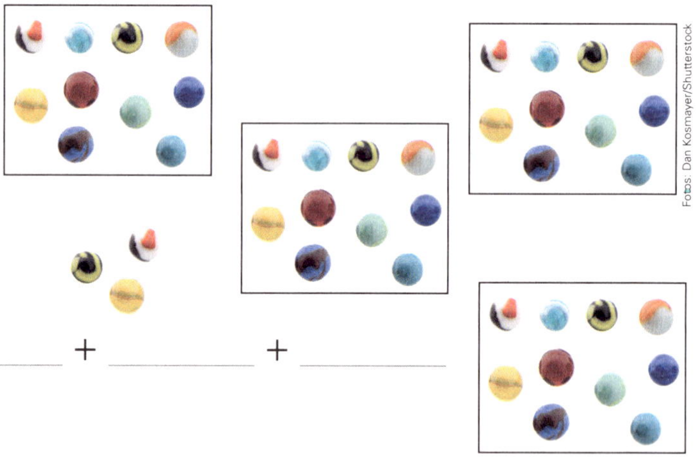

Fotos: Dan Kosmayer/Shutterstock

_______ + _______ + _______ + _______ + _______

OU _______ + _______

PEDRO TEM _______ BOLINHAS DE GUDE.

AS IMAGENS NÃO ESTÃO REPRESENTADAS EM PROPORÇÃO.

14 AS PETECAS ESTÃO SEPARADAS EM GRUPOS.

Fotos: Dado Photos/Shutterstock

A) CONTE QUANTAS PETECAS APARECEM EM CADA GRUPO E COMPLETE: SÃO _______ GRUPOS DE _______ PETECAS.

NO TOTAL SÃO _______ PETECAS.
↑
CINQUENTA.

B) RESOLVA AS OPERAÇÕES E REGISTRE MAIS ESTES NÚMEROS.

50 + 1 = _______ 50 + 6 = _______ 50 + 9 = _______

15 CONTINUE ESCREVENDO EM ORDEM, DO NÚMERO QUARENTA (40) ATÉ O NÚMERO CINQUENTA E NOVE (59).

40			43						
	51								

16 **PROBLEMA**

AS IMAGENS NÃO ESTÃO REPRESENTADAS EM PROPORÇÃO.

VEJA QUANTAS FRUTAS CAIO COMPROU.

Fotos: Anna Kucherova/Shutterstock

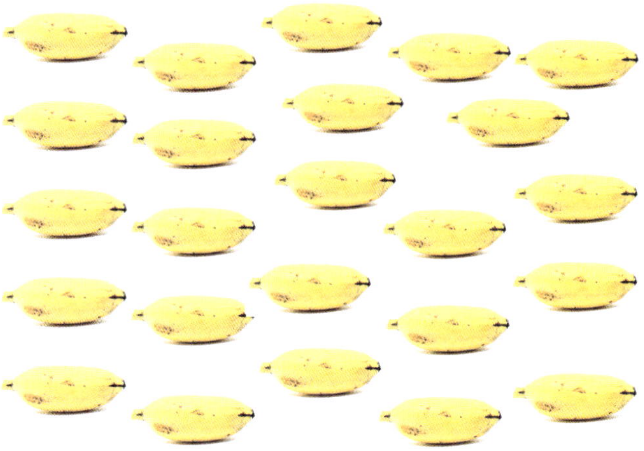
Fotos: Ricky LK/Shutterstock

A) SEM CONTAR, RESPONDA: VOCÊ ACHA QUE A QUANTIDADE DE FRUTAS QUE CAIO COMPROU ESTÁ MAIS PRÓXIMA DE 40 OU DE 50?

____

B) AGORA, CONTE E CONTORNE NA RETA NUMERADA O NÚMERO CORRESPONDENTE AO TOTAL DE FRUTAS COMPRADAS.

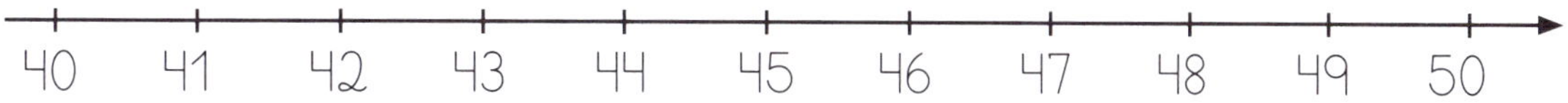

Banco de imagens/ Arquivo da editora

C) CAIO COMPROU MAIS TANGERINAS OU MAIS BANANAS? QUANTAS A MAIS? _______________

D) CAIO SEPAROU 9 TANGERINAS E 11 BANANAS PARA OS AVÓS.

COMPLETE: DEPOIS DE SEPARAR AS FRUTAS, CAIO FICOU COM _______ TANGERINAS E _______ BANANAS.

17 REGISTRE O NÚMERO DE CUBINHOS DO MATERIAL DOURADO EM CADA ITEM.

A) 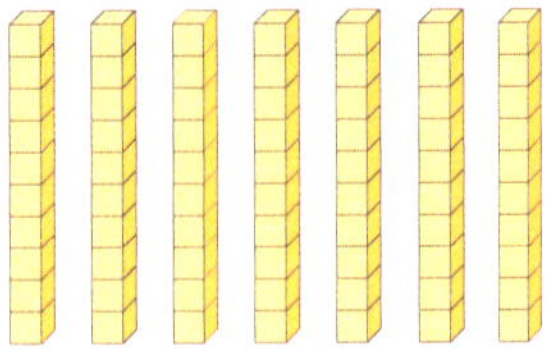

______ CUBINHOS.
↑
SETENTA

______ GRUPOS DE ______ CUBINHOS.

B) 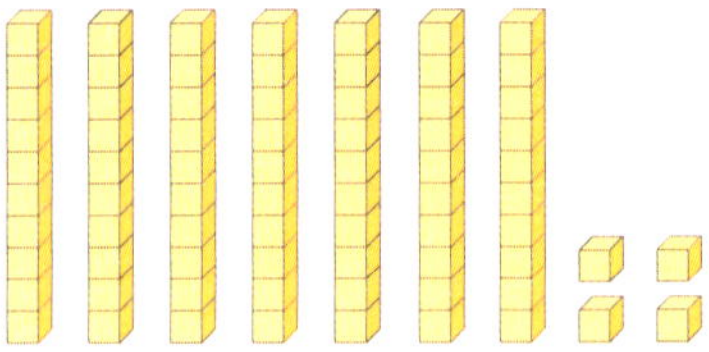

______ + ______

______ CUBINHOS.

Ilustrações: Banco de imagens/Arquivo da editora

18 VAMOS DESCOBRIR O NÚMERO DE QUADRINHOS.

Banco de imagens/Arquivo da editora

______ + ______ + ______ + ______ + ______ + ______ + ______ + ______

1 GRUPO DE QUADRINHOS DE CADA COR. CADA GRUPO COM

______ QUADRINHOS.

TOTAL: ______ GRUPOS DE ______ QUADRINHOS. ______ QUADRINHOS.
↑
OITENTA

19 COMPLETE PARA SABER QUANTOS REAIS HÁ EM CADA ITEM.

AS IMAGENS NÃO ESTÃO REPRESENTADAS EM PROPORÇÃO.

A) 

______ NOTAS DE ______ REAIS.

TOTAL: ______ REAIS.
↑
NOVENTA

B) 

______ + ______

TOTAL: ______ REAIS.

Reprodução/Casa da Moeda do Brasil/Ministério da Fazenda

20 APÓS UMA PESQUISA SOBRE AS CORES PREFERIDAS DOS ALUNOS DAS TURMAS DO 1º ANO **A** E DO 1º ANO **B**, O PROFESSOR APRESENTOU O GRÁFICO ABAIXO.

CORES PREFERIDAS

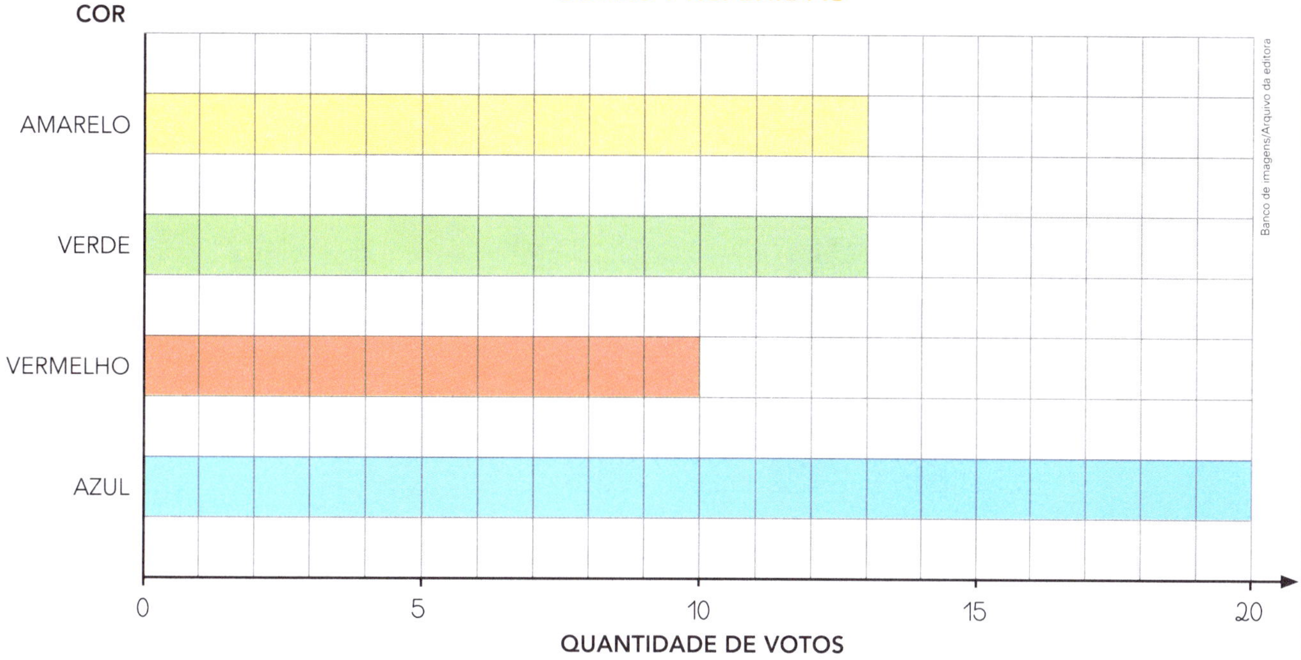

Banco de imagens/Arquivo da editora

GRÁFICO ELABORADO PARA FINS DIDÁTICOS.

A) COMPLETE A TABELA COM A QUANTIDADE DE VOTOS DOS ALUNOS.

CORES PREFERIDAS

COR	QUANTIDADE DE VOTOS
AZUL	
VERMELHO	
VERDE	
AMARELO	

TABELA ELABORADA PARA FINS DIDÁTICOS.

B) QUAL FOI A COR MAIS VOTADA NESSA PESQUISA?

____

C) QUAL FOI A COR MENOS VOTADA? _______________

D) QUAIS CORES TIVERAM A MESMA QUANTIDADE DE VOTOS?

____

E) QUANTOS ALUNOS, AO TODO, VOTARAM NAS CORES AZUL E VERMELHO? __________ ALUNOS.

21 ASSINALE QUEM TEM A QUANTIA MAIOR.

AS IMAGENS NÃO ESTÃO REPRESENTADAS EM PROPORÇÃO.

Ilustrações: Giz de Cera/Arquivo da editora

☐ RAFAEL.

☐ LEILA.

Reprodução/Casa da Moeda do Brasil/Ministério da Fazenda

22 OBSERVE OS NÚMEROS NOS QUADRINHOS.

33	92	68	8	70	15

AGORA, ESCREVA OS NÚMEROS NA ORDEM DO MENOR PARA O MAIOR.

23 **CÁLCULO MENTAL**

PENSE NA SEQUÊNCIA DOS NÚMEROS EM UMA RETA NUMERADA, "ANDE" PARA A FRENTE OU "ANDE" PARA TRÁS E COMPLETE.

A) 81 − 2 = ______

B) 47 + 3 = ______

C) 35 + 4 = ______

D) 77 − 3 = ______

E) 88 + 5 = ______

F) 50 − 4 = ______

24 COMPLETE AS SEQUÊNCIAS COM AS DEZENAS EXATAS EM ORDEM.

A) DA MENOR PARA A MAIOR.

10	20	30						

B) DA MAIOR PARA A MENOR.

90	80	70						

25 VEJA COMO AS CRIANÇAS PENSARAM NOS 2 EXEMPLOS DE ADIÇÃO E DE SUBTRAÇÃO COM DEZENAS EXATAS.

Ilustrações: Ilustra Cartoon/Arquivo da editora

40 + 20

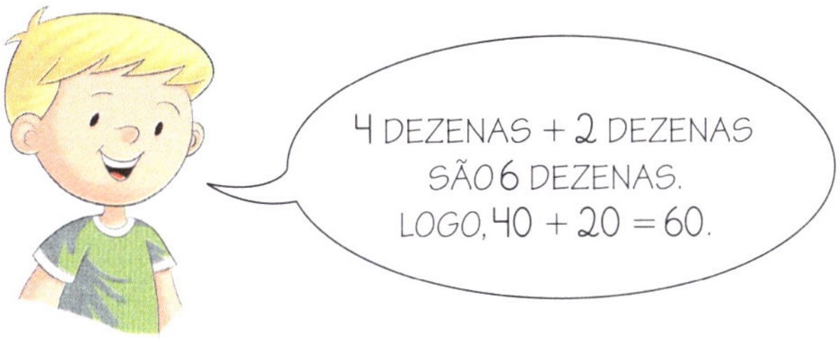

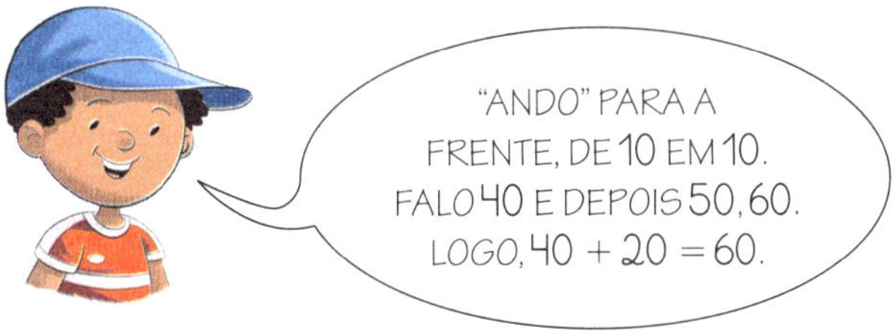

70 − 20

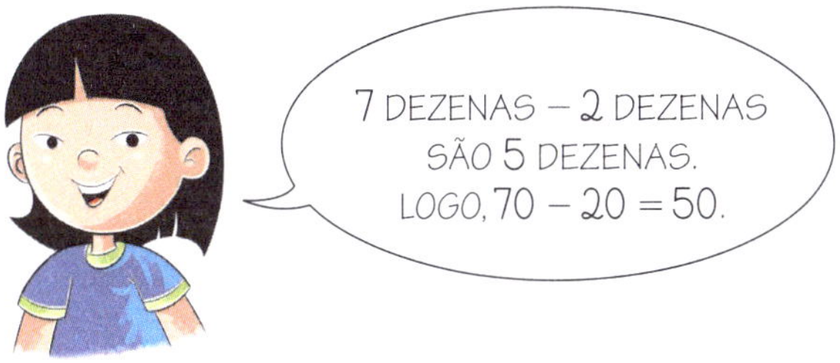

AGORA, EFETUE AS ADIÇÕES E AS SUBTRAÇÕES COM DEZENAS EXATAS. FAÇA COMO ACHAR MELHOR.

A) 30 + 30 = ______

B) 80 − 10 = ______

C) 40 − 30 = ______

D) 20 + 70 = ______

E) 50 + 10 = ______

F) 90 − 40 = ______

26 **PROBLEMAS**

AS IMAGENS NÃO ESTÃO REPRESENTADAS EM PROPORÇÃO.

LEIA OS PROBLEMAS, FAÇA OS CÁLCULOS E COMPLETE.

A) MARINA COMPROU UM PAR DE TÊNIS POR 80 REAIS E UM PAR DE MEIAS POR 9 REAIS.

NO TOTAL ELA GASTOU ______ REAIS.

Africa Studio/Shutterstock

PAR DE MEIAS.

Everything/Shutterstock

PAR DE TÊNIS.

B) LUCIANO COMPROU 3 CDS E 1 CADERNO.

ELE GASTOU ______ REAIS.

O CD CUSTA ______ REAIS A MAIS DO QUE O CADERNO.

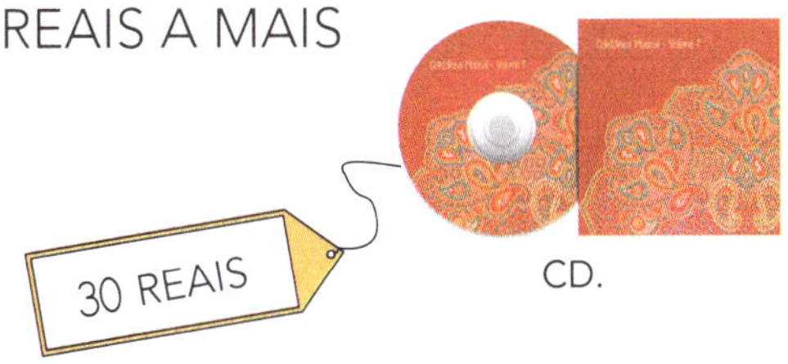

Drakonova/Shutterstock

CD.

Everything/Shutterstock

CADERNO.

UNIDADE 8

GRANDEZAS E MEDIDAS

AS IMAGENS NÃO ESTÃO REPRESENTADAS EM PROPORÇÃO.

1 ASSINALE COM UM **X** O QUE É CITADO EM CADA ITEM.

A) A CORDA MAIS CURTA.

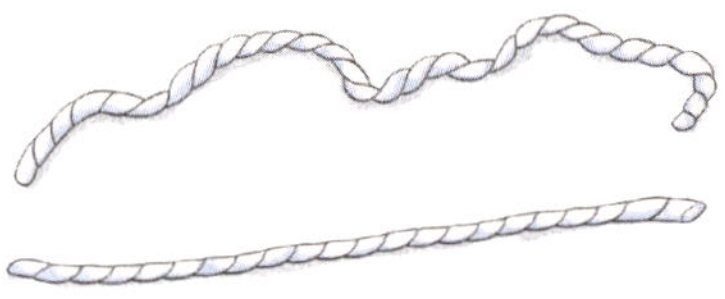

Ilustra Cartoon/Arquivo da editora

B) O LIVRO MAIS LARGO.

Ilustra Cartoon/Arquivo da editora

C) A FRUTA MAIS LEVE.

Giz de Cera/Arquivo da editora

D) O BRINQUEDO MAIS BARATO.

Ilustra Cartoon/ Arquivo da editora

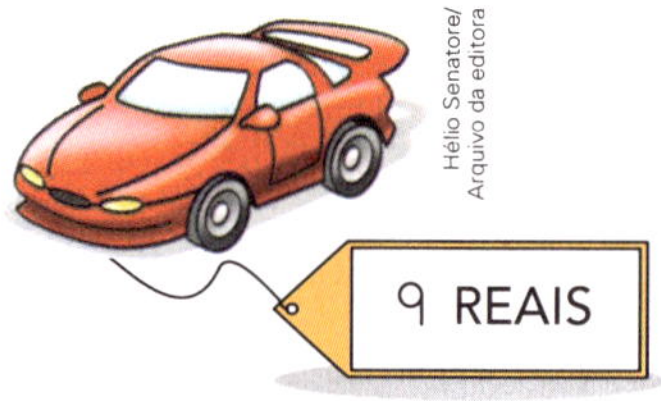

Hélio Senatore/ Arquivo da editora

E) A ÁRVORE MAIS ALTA.

Giz de Cera/Arquivo da editora

F) A JARRA COM MENOS SUCO.

Giz de Cera/ Arquivo da editora

G) O RELÓGIO QUE ESTÁ MARCANDO 6 HORAS.

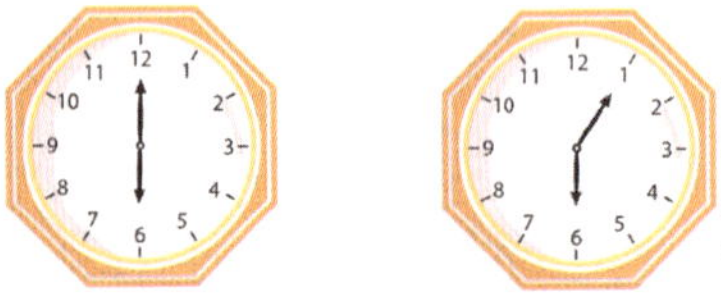

Stockbyte/Getty Images

H) A *PIZZA* MAIOR.

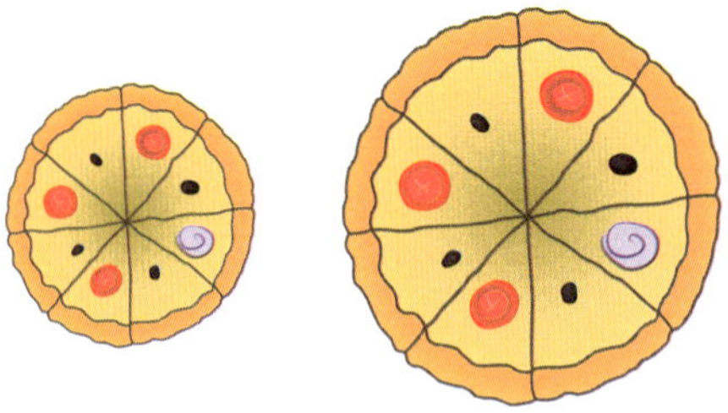

Ilustra Cartoon/Arquivo da editora

I) A TEMPERATURA MAIS BAIXA.

Giz de Cera/ Arquivo da editora

Jótah Ilustrações/ Arquivo da editora

2 OS 2 CAMINHOS ABAIXO FORAM CONSTRUÍDOS COM O MESMO TIPO DE LAJOTA.
ASSINALE O CAMINHO MAIS CURTO.

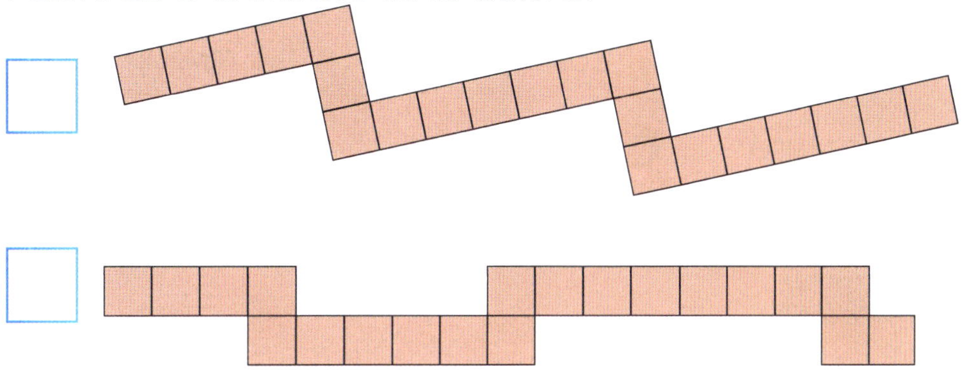

Ilustrações: Banco de imagens/Arquivo da editora

3 MARCOS, LUCAS E PAULO CONSTRUÍRAM FIGURAS USANDO PALITOS IGUAIS E TODOS INTEIROS. VEJA.

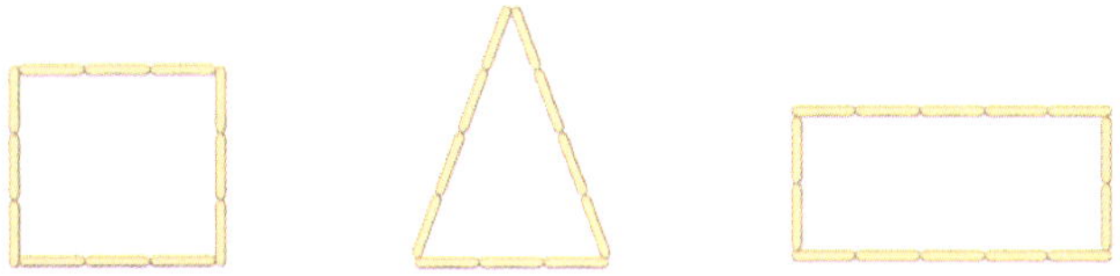

MARCOS. LUCAS. PAULO.

Ilustrações: Banco de imagens/Arquivo da editora

A) CONTORNE O NOME DO MENINO QUE CONSTRUIU UMA FIGURA COM FORMA TRIANGULAR E RESPONDA.
QUANTOS PALITOS ELE USOU? ______________

B) ASSINALE COM UM **X** O NOME DO MENINO QUE CONSTRUIU UMA FIGURA COM FORMA QUADRADA E RESPONDA: QUANTOS PALITOS ELE USOU? ______________

C) E O TERCEIRO MENINO, QUANTOS PALITOS ELE USOU? E QUAL É A FORMA DA FIGURA QUE ELE CONSTRUIU? ______________

4 O SORVETE FAVORITO DE RENATO É O DE UVA.
DE RENATO ATÉ O SORVETE, O CAMINHO DEVE TER MEDIDA DE COMPRIMENTO DE 8 CENTÍMETROS (8 cm).
COMPLETE O CAMINHO USANDO UMA RÉGUA. EM SEGUIDA, PINTE O CAMINHO E DESENHE O SORVETE NO FINAL.

Ilustra Cartoon/Arquivo da editora

5 OBSERVE OS INSTRUMENTOS DE MEDIDA A SEGUIR. PINTE OS QUADRINHOS DE ACORDO COM A GRANDEZA QUE ELES MEDEM OU REGISTRAM.

- MASSA
- COMPRIMENTO
- TEMPERATURA
- INTERVALO DE TEMPO
- CAPACIDADE

AS IMAGENS NÃO ESTÃO REPRESENTADAS EM PROPORÇÃO.

cigdem/Shutterstock

ericlefrancais/Shutterstock
JARRA.

pogonici/Shutterstock
FITA MÉTRICA.

Hurst Photo/Shutterstock
RELÓGIO.

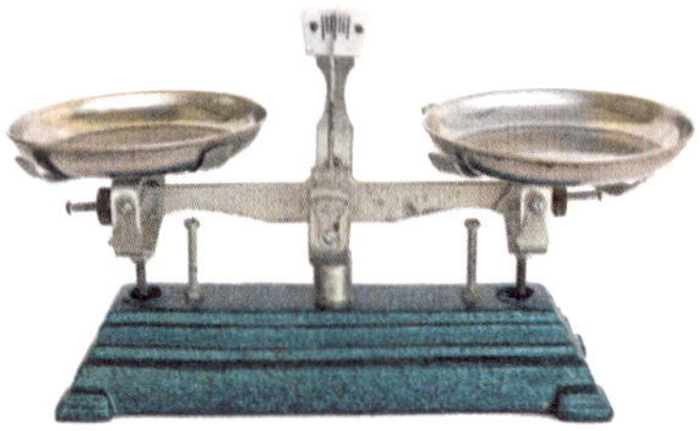
Sittipom Masantear/Shutterstock
BALANÇA DE PRATOS

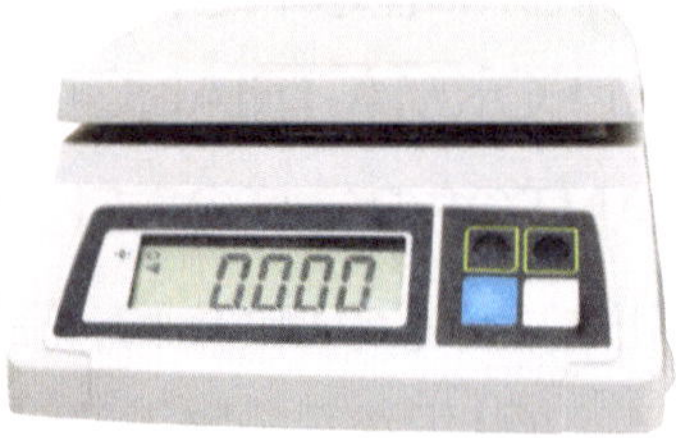

Vereshchagin Dmitry/Shutterstock
BALANÇA DIGITAL

monitorus/Shutterstock
TRENA.

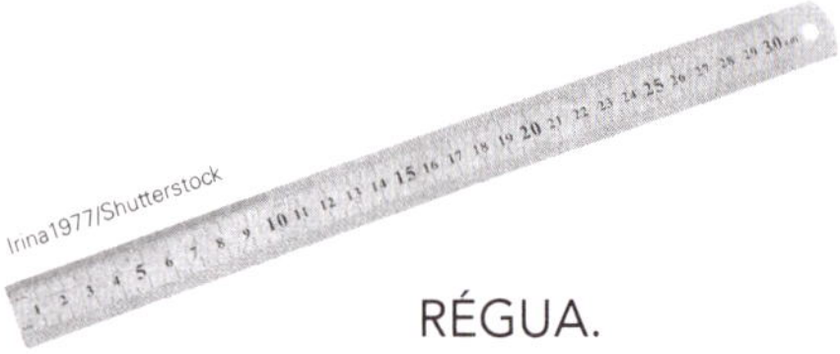
Irina1977/Shutterstock
RÉGUA.

Gerson Gerloff/Pulsar Imagens
TERMÔMETRO DIGITAL.

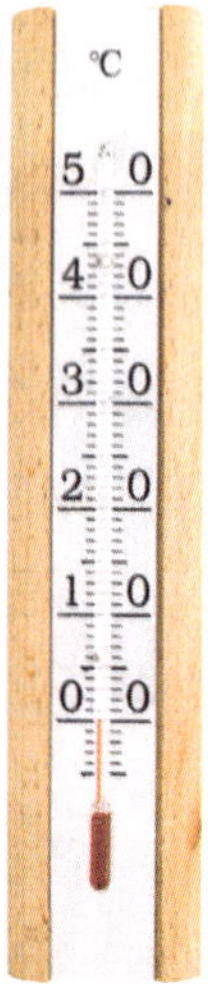

Roman Sibiryakov/Shutterstock
TERMÔMETRO DE ÁLCOOL COLORIDO.

6 AS 4 LATAS DESENHADAS ABAIXO TÊM OS "PESOS" INDICADOS EM GRAMAS.

Ilustrações: Jótah Ilustrações/Arquivo da editora

AS 4 LATAS FORAM COLOCADAS NAS BALANÇAS DE PRATO ABAIXO, UMA EM CADA PRATO. PINTE AS LATAS COM AS CORES CORRESPONDENTES CONSIDERANDO OS "PESOS".

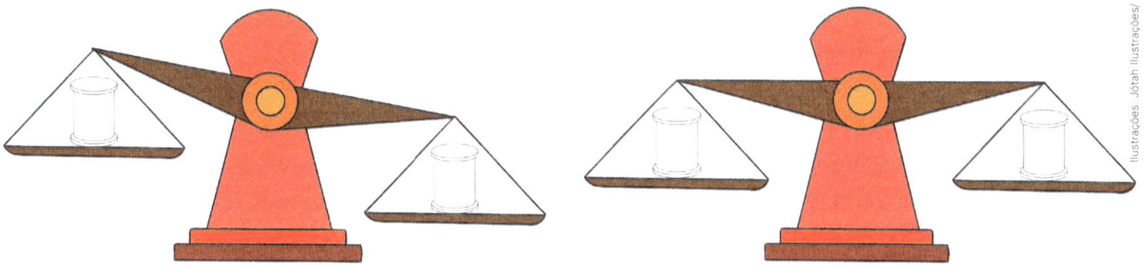

Ilustrações: Jótah Ilustrações/Arquivo da editora

7 ASSINALE O QUE PESA MAIS EM CADA ITEM.

AS IMAGENS NÃO ESTÃO REPRESENTADAS EM PROPORÇÃO.

A)  raksina/Shutterstock OU  Valentina Razumova/Shutterstock

MELANCIA. COCO.

B) Scisetti Alfio/Shutterstock OU  DenisNata/Shutterstock

FOLHA DE PAPEL SULFITE. COPO.

C)  Customdesigner/Shutterstock OU  Roman Samokhin/Shutterstock

GELADEIRA. FOGÃO.

D)  Super Prin/Shutterstock OU  Tsekhmister/Shutterstock

BORBOLETA. PATO.

8 TODAS AS EMBALAGENS A SEGUIR TÊM O MESMO "PESO". VEJA O QUE MARCA A 1ª BALANÇA E ESCREVA OS "PESOS" QUE AS OUTRAS 2 BALANÇAS DEVEM MARCAR.

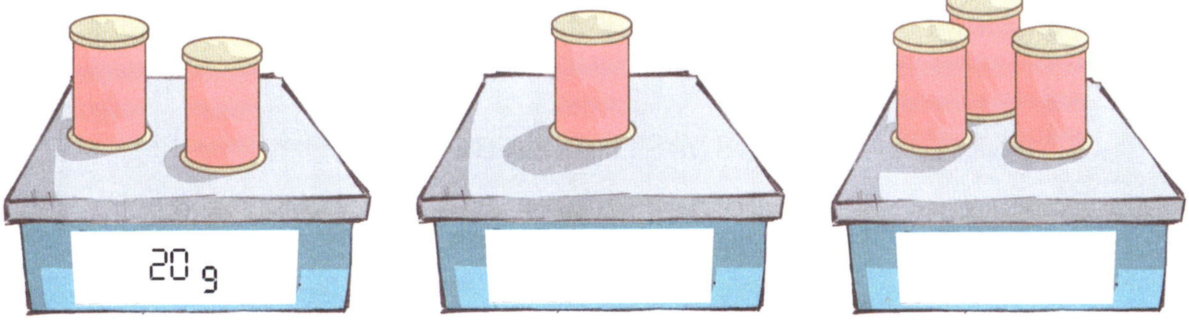

Ilustrações: Giz de Cera/Arquivo da editora

9 VEJA O RECIPIENTE QUE CADA CRIANÇA ESTÁ SEGURANDO.

AS IMAGENS NÃO ESTÃO REPRESENTADAS EM PROPORÇÃO.

Ilustrações: Ilustra Cartoon/ Arquivo da editora

LATINHA DE REFRIGERANTE. | COPO DE ÁGUA. | JARRA DE SUCO. | XÍCARA DE LEITE.

MARQUE UM **X** NA CRIANÇA QUE TEM O RECIPIENTE COM MAIOR MEDIDA DE CAPACIDADE, OU SEJA, O RECIPIENTE EM QUE CABE MAIS LÍQUIDO.

MARQUE UMA ● NA CRIANÇA QUE TEM O RECIPIENTE COM MENOR MEDIDA DE CAPACIDADE.

10 ANALISE A SEQUÊNCIA DE CENAS E PINTE O SUCO NOS COPOS DA 3ª CENA.

1ª CENA: JARRA CHEIA E 5 COPOS VAZIOS.

2ª CENA: METADE DA JARRA CHEIA E 2 COPOS CHEIOS.

3ª CENA: JARRA VAZIA. VOCÊ PINTA O SUCO NOS COPOS.

Ilustrações: Banco de imagens/Arquivo da editora

11 OBSERVE A MEDIDA DE CAPACIDADE DOS 3 VASILHAMES.

16 LITROS. | 8 LITROS. | 6 LITROS.

Ilustrações: Banco de imagens/ Arquivo da editora

ASSINALE O QUE PRECISAMOS FAZER PARA ENCHER DE ÁGUA O VASILHAME **A**, INICIALMENTE VAZIO, SEM SOBRAR ÁGUA NOS OUTROS VASILHAMES.

- [ ] JUNTAR A ÁGUA DOS VASILHAMES **B** E **C**.
- [ ] USAR 2 VEZES A ÁGUA DO VASILHAME **B**.
- [ ] USAR 3 VEZES A ÁGUA DO VASILHAME **C**.

12 RELÓGIO DE PONTEIROS E RELÓGIO DIGITAL

A) ESCREVA QUAL HORÁRIO O RELÓGIO DO MEIO ESTÁ MARCANDO. EM SEGUIDA, DESENHE OS PONTEIROS E MARQUE O HORÁRIO NOS OUTROS 2 RELÓGIOS DE ACORDO COM O INDICADO.

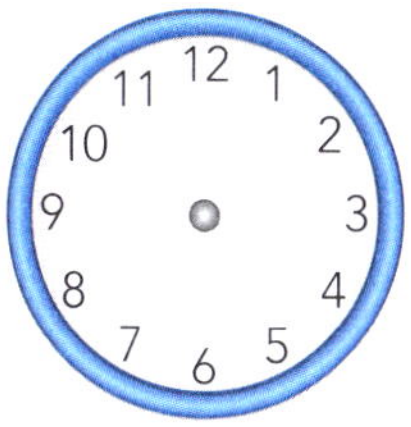

1 HORA ANTES.

_______ HORAS.

_______ HORAS.

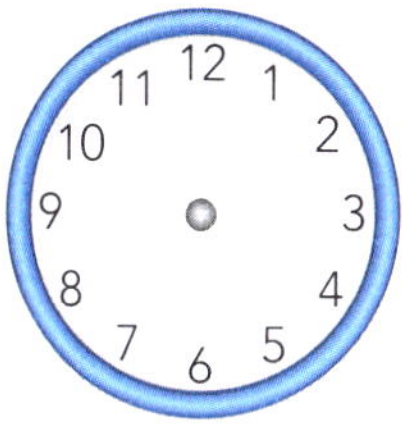

2 HORAS DEPOIS.

_______ HORAS.

Ilustrações: Jótah Ilustrações/Arquivo da editora

B) AGORA, ESCREVA OS 3 HORÁRIOS ACIMA NOS RELÓGIOS DIGITAIS.

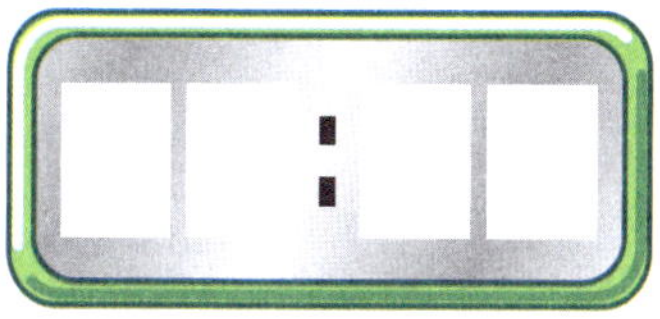

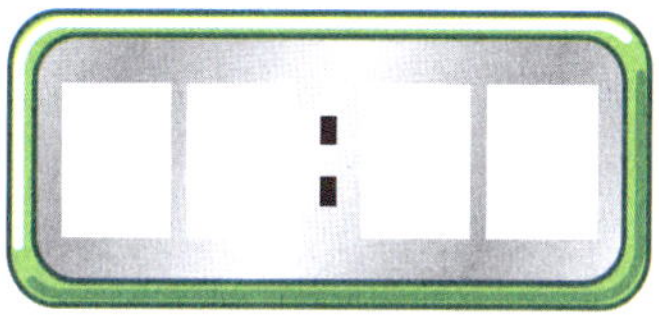

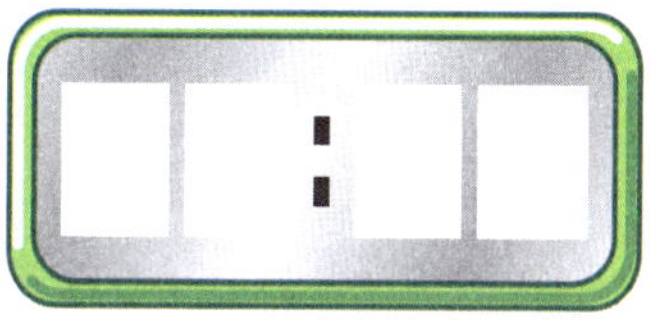

Ilustrações: Jótah Ilustrações/Arquivo da editora

13 ACOMPANHE A LEITURA DA DESCRIÇÃO DAS SITUAÇÕES E COMPLETE OS HORÁRIOS.

A) A SESSÃO DE CINEMA COMEÇOU ÀS 5 HORAS DA TARDE E DUROU 2 HORAS. ENTÃO, ELA TERMINOU ÀS _______ HORAS DA NOITE.

Jótah Ilustrações/Arquivo da editora

B) AS AULAS DO CURSO DE INGLÊS COMEÇAM ÀS 11 HORAS DA MANHÃ E TERMINAM ÀS 2 HORAS DA TARDE. ENTÃO, AS AULAS DESSE CURSO DURAM _______ HORAS.

C) A PARTIDA DE VOLEIBOL DUROU 1 HORA E TERMINOU ÀS 9 HORAS DA NOITE. ENTÃO, A PARTIDA COMEÇOU ÀS _______ HORAS DA NOITE.

Ilustra Cartoon/Arquivo da editora

14 ESTAS UNIDADES DE MEDIDA VOCÊ CONHECE, DO ESTUDO DE GRANDEZAS. VEJA TAMBÉM O SÍMBOLO DE CADA UNIDADE DE MEDIDA.

METRO	GRAMA	HORA	LITRO
m	g	h	L

AGORA, COMPLETE CADA FRASE COM A UNIDADE DE MEDIDA MAIS ADEQUADA. PODE COLOCAR O SÍMBOLO DA UNIDADE DE MEDIDA.

A) JOSÉ COMPROU 80 ____________________ DE QUEIJO RALADO.

B) A APRESENTAÇÃO DE BALÉ VAI TER INÍCIO ÀS 8 ____________________ DA NOITE.

C) ANA FOI À PADARIA E COMPROU 2 ____________________ DE LEITE.

D) VITÓRIA COMPROU 3 ____________________ DE TECIDO PARA FAZER UM VESTIDO.

15 VEJA OS NÚMEROS NESTES QUADROS.

6	50	2

USE OS 3 NÚMEROS PARA COMPLETAR OS ITENS, DE MODO CONVENIENTE.

Rustle/Shutterstock
PRESENTE.

A) PARA EMBRULHAR O PRESENTE, LUCAS PRECISOU DE __________ CENTÍMETROS DE FITA.

B) PARA FAZER BIFES NO ALMOÇO E UMA SOPA NO JANTAR, NICE COMPROU __________ QUILOGRAMAS DE CARNE.

C) COM UMA JARRA CHEIA DE SUCO PODEMOS ENCHER __________ COPOS.

16 **PARABÉNS!**

A) ESCREVA O DIA, O MÊS E O ANO EM QUE VOCÊ NASCEU.

__________ DE ____________________ DE __________.

B) CONSULTE UM CALENDÁRIO NO COMPUTADOR, NO CELULAR OU NA INTERNET E DESCUBRA O DIA DA SEMANA EM QUE VOCÊ NASCEU. ____________________